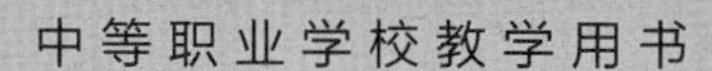

中等职业学校教学用书

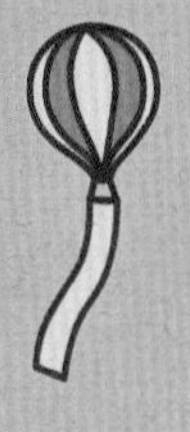

职业安全与职业健康

（第二版）

Zhiye Anquan yu Zhiye Jiankang

蒋乃平　杜爱玲　编著

高等教育出版社·北京

内容简介

本书根据党的十八大特别是十九大以来，习近平总书记对于安全生产的一系列重要指示精神，继续落实教育部颁发的《关于在部分中等职业学校开展职业健康与安全教育试点工作的通知》（教职成司函［2010］130号），结合健康与安全教育新形势，在第一版基础上修订而成。本书旨在帮助学生掌握职业安全、职业健康基础知识，学会即将从事的职业及其相关职业群所需要的自我防护、现场急救的常用方法；树立关注安全、关爱生命和安全发展的观念，形成职业安全和职业健康意识；具有在相应岗位安全生产的能力，养成符合该职业及其相关职业群要求的安全行为习惯，为成为具有安全素养的高素质劳动者和技能型人才做好准备。

本书在贴近社会、贴近职业的同时，注重贴近中职学生实际，全书文字浅显、图文并茂，讲究实用性、可操作性，内容着力于"怎样做"。课程结构模块化，由5个相对独立的教学单元组成。每个单元由训练目标、训练项目、训练自测构成，有利于能力本位的教学改革指导思想的落实，有利于学校、教师根据学生所学专业和即将从事的职业及其相关职业群进行选择和组合。

本书适合中等职业学校开展安全教育使用，也可供社会相关工作人员阅读使用。

图书在版编目（CIP）数据

职业安全与职业健康 / 蒋乃平, 杜爱玲编著. --2版. --北京：高等教育出版社, 2021.3

ISBN 978-7-04-055715-2

Ⅰ. ①职… Ⅱ. ①蒋… ②杜… Ⅲ. ①劳动安全－中等专业学校－教材②劳动卫生－中等专业学校－教材 Ⅳ. ①X9②R13

中国版本图书馆CIP数据核字（2021）第030615号

策划编辑 杨 鸣 责任编辑 杨 鸣 封面设计 张 楠 版式设计 张 杰
责任校对 刘丽娴 责任印制 田 甜

出版发行 高等教育出版社
社 址 北京市西城区德外大街4号
邮政编码 100120
印 刷 北京市密东印刷有限公司
开 本 787mm×1092mm 1/16
印 张 8.5
字 数 190千字
购书热线 010-58581118
咨询电话 400-810-0598
网 址 http://www.hep.edu.cn
http://www.hep.com.cn
网上订购 http://www.hepmall.com.cn
http://www.hepmall.com
http://www.hepmall.cn
版 次 2011年2月第1版
2021年3月第2版
印 次 2021年3月第1次印刷
定 价 27.40元

本书如有缺页、倒页、脱页等质量问题，请到所购图书销售部门联系调换

物 料 号 55715-00

目 录

目录

第一单元 国家安全与职业安全

训练目标

1. 通过了解生命与实现体面劳动、安全发展的关系，重视本课程的学习，提高注重职业安全的自觉性。

2. 通过对国家安全、商业秘密的认知，了解国家安全、保密与体面劳动的关系，明确劳动者对国家安全、商业秘密的责任，强化对国家安全的责任感和保密意识。

3. 通过了解事故与工伤的关系、从业者安全生产的权利和义务，明确注重职业安全是职业素养的重要特征，强化安全意识。

训练项目1 珍爱生命与安全发展

风华正茂的中职生，是技术技能人才和高素质劳动者的后备军，是将来构建和谐社会、促进经济发展的重要力量。珍爱自己和他人的生命，强调安全发展，既是经济社会可持续发展的需要，也是个人职业生涯可持续发展的需要。

人命关天，发展决不能以牺牲人的生命为代价。这必须作为一条不可逾越的红线。
——习近平

一、职业安全与体面劳动

职业安全是以防止职工在职业活动过程中发生各种伤亡事故为目的的，在工作领域，以及在法律、技术、设备、组织制度和教育等方面所采取的相应措施。职业安全的同义词是劳动安全，对于从业者而言，职业安全是在有偿劳动的过程中，为防止本人和他人发生伤亡事故而必须遵守的行为规范，是职业活动对从业者带有一定强制性的要求。从业者只有注重并落实这些要求，才能在和谐的职业环境中感受幸福和尊严，实现体面劳动。

案例：

不防护，就出事

北京市丰台区某农贸批发市场南侧，3名电信维修工人在井下作业时，先后出现晕厥症状。路边饭店老板发现后立即报警，在等待救援过程中先设法救出一名最后下井的工人。消防队员赶到现场后，救出另两人，其中一人已经死亡。经确认，三人均因井下沼气浓度过高而导致晕厥，他们均没有采取防护措施。

体面劳动是从业者通过职业劳动得到回报的期盼，即期盼得到合理的劳动收入、安全的工作环境、理想的社会保障、通畅的维权渠道。习近平总书记用两个“期盼”，通俗易懂地说出了人民热爱生活的具体向往，即“我们的人民热爱生活，期盼有更好的教育、更稳定的工作、更满意的收入、更可靠的社会保障、更高水平的医疗卫生服务、更舒适的居住条件、更优美的环境，期盼着孩子们能成长得更好、工作得更好、生活得更好。”习近平总书记还用“安全生产事关人民福祉，事关经济社会发展大局”，强调了体面劳动的另一个内涵即“安全生产”与百姓期盼的关系，强调了安全生产对实现体面劳动的重要性。

没有安全，就没有幸福。从业者的职业劳动，既是一个人、一个家庭能生存和生活的根基，又是提高一个人、一个家庭生活质量的保证。职业安全，直接影响从业者的身心健康甚至生命，关系着每一个从业者及其家庭的幸福。

没有安全，就没有尊严。尊严是可尊敬的身份或地位。人有生命权，也有被他人尊重的需要。从业者若不珍爱、尊重生命，不但会给自己带来不幸，也会给亲朋好友带来痛苦和伤害。尊重生命，是一个人最起码、最基本的伦理道德。

体面劳动是有尊严生活的前提和基础，而有尊严生活是体面劳动的结果和归宿。追求成功，渴望幸福和尊严，既是人类不可剥夺的权利，也是与生俱来不应放弃的责任。要过得幸福、享受尊严，实现体面劳动，就需通过诚实劳动获取报酬，在诚实劳动中得到充分的安全保护。让生命和健康有保证，让生活有保障，这是从业者最基本的尊严需求。

> 要坚持社会公平正义，排除阻碍劳动者参与发展、分享发展成果的障碍，努力让劳动者实现体面劳动、全面发展。
>
> ——习近平

习近平总书记用通俗的语言解读了“诚实劳动”，他指出：“劳动没有高低贵贱之分，任何一份职业都很光荣。广大劳动群众要立足本职岗位诚实劳动。无论从事什么劳动，都要干一行、爱一行、钻一行。在工厂车间，就要弘扬‘工匠精神’，精心打磨每一个零部件，生产优质的产品。在田间地头，就要精心耕作，努力赢得丰收。在商场店铺，就要笑迎天下客，童叟无欺，提供优质的服务。只要踏实劳动、勤勉劳动，在平凡岗位上也能干出不平凡的业绩。”

实现体面劳动，不仅体现在有相应的收入，而且更体现为享受劳动保护机制，生命和健康有所保障，能在职业活动中感受和谐、幸福和尊严。

链接 体面劳动

1999年6月，国际劳工组织新任局长索马维亚在第87届国际劳工大会上首次提出了体面劳动新概念，明确指出：所谓体面劳动，意味着生产性的劳动，包括劳动者的权利得到保护、有足够的收入、充分的社会保护和足够的工作岗位。为了保证体面劳动这一战略目标的实现，必须从整体上平衡而统一地推进“促进工作中的权利”“就业”“社会保护”“社会对话”等四个目标。

胡锦涛总书记于2010年在全国劳动模范和先进工作者表彰大会上指出：实现我们确定的宏伟目标，必须高度重视和充分发挥我国工人阶级和广大劳动群众的主力军作用。第一，进一步弘扬劳模精神，为激励全国各族人民团结奋斗凝聚强大精神力量。第二，进一步激发创造活力，为推动经济又好又快发展积极贡献力量。第三，进一步保障劳动者权益，为促进社会和谐奠定坚实基础。要切实发展和谐劳动关系，建立健全劳动关系协调机制，完善劳动保护机制，让广大劳动群众实现体面劳动。第四，进一步提高劳动者素质，为推动科学发展提供强有力的人力资源支持。

习近平总书记于2015年4月28日，在庆祝“五一”国际劳动节大会上指出：要建立健全党和政府主导的维护群众权益机制，抓住劳动就业、技能培训、收入分配、社会保障、安全卫生等问题，关注一线职工、农民工、困难职工等群体，完善制度，排除阻碍劳动者参与发展、分享发展成果的障碍，努力让劳动者实现体面劳动、全面发展。

2019年10月31日，中国共产党第十九届四中全会通过的《中共中央关于坚持和完善中国特色社会主义制度，推进国家治理体系和治理能力现代化若干重大问题的决定》，强调“健全有利于更充分更高质量就业的促进机制”，明确“坚持就业是民生之本”，要求“健全劳动关系协调机制，构建和谐劳动关系，促进广大劳动者实现体面劳动、全面发展。”

二、关注安全与安全发展

人最宝贵的东西是生命，生命只有一次。人们珍爱生命，因为生命是宝贵的；人们热爱生命，因为生命是美好的。对每个人来说，“珍爱生命，安全第一”是永恒的主题。

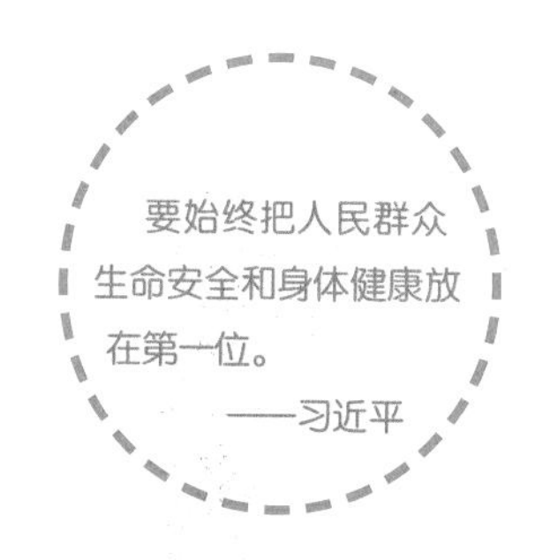

党的十九大报告明确要求：“树立安全发展理念，弘扬生命至上、安全第一的思想，健全公共安全体系，完善安全生产责任制，坚决遏制重特大安全事故，提升防灾减灾救灾能力。”把安全发展作为一个重要理念纳入中华民族伟大复兴的总体战略。

习近平总书记强调：“要始终把人民生命安全放在首位，以对党和人民高度负责的精神，完善制度、强化责任、加强管理、严格监管，把安全生产责任制落到实处，切实防范重特大安全生产事故的发生。”

安全生产关系人民群众生命财产安全，关系改革发展稳定的大局。只有关爱生命、关注安

安全第一

全，才能在广大劳动者生命安全和身体健康得到切实保障的基础上，推动实现经济社会的安全发展。

联合国教科文组织（UNESCO）不但倡导把“尊重人、尊重劳动”作为在全球化浪潮下共同学习和工作中的基础价值观，而且把“健康与自然和谐”列在8个核心价值观之首，并把它具体化为“尊重生命和自然”“关注安全、避免伤害”等。

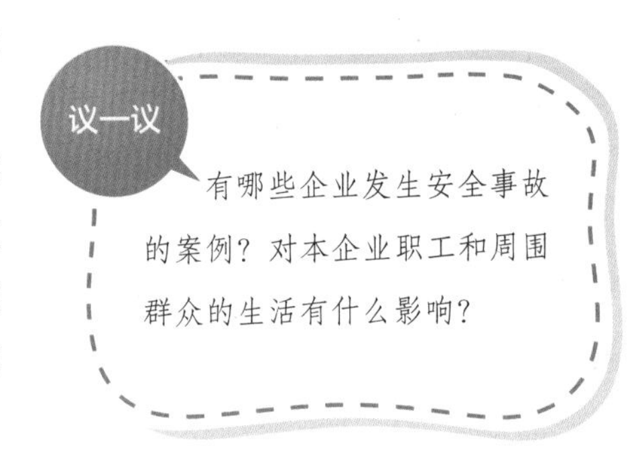

链接　中国共产党十九届四中全会强调安全生产

2019年10月31日，中国共产党第十九届中央委员会第四次全体会议通过《中共中央关于坚持和完善中国特色社会主义制度推进国家治理体系和治理能力现代化若干重大问题的决定》，要求：“完善和落实安全生产责任和管理制度，建立公共安全隐患排查和安全预防控制体系。构建统一指挥、专常兼备、反应灵敏、上下联动的应急管理体制，优化国家应急管理能力体系建设，提高防灾减灾救灾能力。加强和改进食品药品安全监管制度，保障人民身体健康和生命安全。”

在实现中华民族伟大复兴的过程中，每个人都应该具有尊重人、尊重劳动的基础价值观。对于从业者而言，则应该体现为尊重自己及自己的劳动，尊重他人及他人的劳动。安全是人的基本需求，也是每个人应有的权利，应当也必须受到每个人的尊重。

热爱生活，就要珍爱生命，就要从现在做起、从身边做起、从点滴做起。中职生应当充分利用在校学习的大好时光，结合自己所学专业的特点，形成安全意识，掌握相关的安全知识，养成良好的安全习惯，为今后职业生涯发展做好准备，让自己的生命更有价值。

链 接 安全发展

安全发展是发展的战略，指经济发展和社会进步必须以安全为前提和保障，把国民经济和区域经济、各个行业、各类企业的发展，建立在安全保障能力不断增强、劳动者生命安全和身体健康得到切实保证的基础上，使安全生产与不断提高的经济社会发展水平相适应。

三、安全是人的基本需求

人有各种各样的需求，根据马斯洛需求层次理论，人类的需求有五种，分别是生理需求、安全需求、社交需求、尊重需求和自我实现需求。中职生是技术技能人才和高素质劳动者的后备军，毕业后在为职业生涯发展拼搏努力的过程中，只有认真落实各项防护措施，才可能在保证自身安全的情况下，通过自己的奋斗去争取成功的职业生涯。只有活着，才会有衣、食、住、行等方面的生理需要，才会有对收入、工作环境等工作条件的追求，才会对社会关系、个人成长有需求。生命安全既是人最基本的需要，也是职业生涯可持续发展的基础。

训练项目2 国家安全和保密

职业生涯可持续发展与国家安全密切相关，有国家安全的保证，体面劳动才有可能通过诚实劳动实现，职业生涯才可能持续发展。每个中国公民在日常生活和职业劳动中，都有保护国家安全的责任。中职生的有些实训或就业岗位，涉及国家安全或商业秘密，更加需要强化国家安全的责任感和保守国家秘密、商业秘密的意识。

一、国家安全

1. 什么是国家安全和国家秘密

国家安全是指国家政权、主权、统一和领土完整、人民福祉、经济社会可持续发展和国家其他重大利益相对处于没有危险和不受内外威胁的状态，以及保障持续安全状态的能力。它包括国家主权独立、领土完整，人民生命财产不被外来势力侵犯，国家政治制度、经济制度不被颠覆，经济发展、民族和睦、社会安定不受威胁，国家秘密不被窃取，国家工作人员不被策反，国家机构不被渗透等。当代国家安全包括人民安全、政治安全、经济安全、领土安全、军事安全、文化安全、科技安全、信息安全、社会安全、生态安全、生物安全、资源安全和核安全等为一体的国家安全体系。

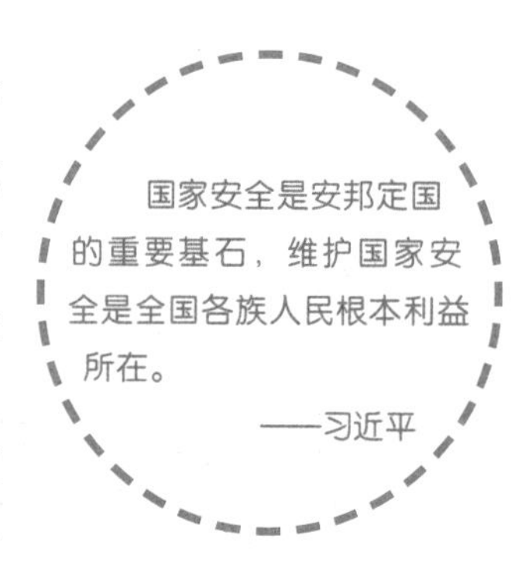

国家安全工作坚持总体国家安全观，即以人民安全为宗旨，以政治安全为根本，以经济安全为基础，以军事、文化、社会安全为保障，以促进国际安全为依托，维护各领域国家安全，构建国家安全体系，走中国特色国家安全道路。

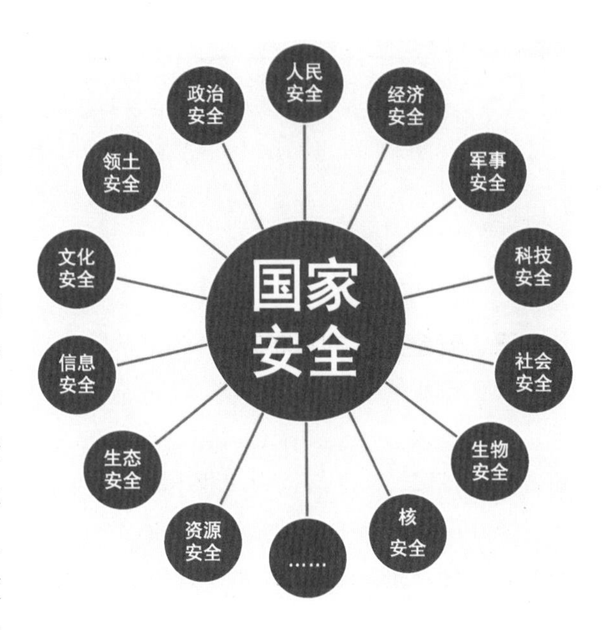

总体国家安全观是习近平新时代中国特色社会主义思想的重要组成部分。坚持总体国家安全观，是新时代坚持和发展中国特色社会主义的基本方略。总体国家安全观要求统筹外部安全和内部安全、国土安全和国民安全、传统安全和非传统安全、自身安全和共同安全，完善国家安全制度体系，加强国家安全能力建设，坚决维护国家主权、安全、发展利益。

国家秘密是关系国家安全和利益，依照法定程序确定在一定时间内，只限一定范围人员知悉的事项。国家秘密按其秘密程度划分为“绝密”“机密”“秘密”三级。按其工作对象分为：科学技术保密、经济保密、涉外保密、宣传报道保密、公文保密、会议保密、政法保密、军事军工保密、通信保密、电子计算机保密等。

国家安全是国家的根本所在，国家利益高于一切，维护国家的利益和安全，是每个公民的神圣义务，任何情况下不得做有损国家安全的事情，并自觉与一切损害国家安全的行为作斗争。

2. 危害国家安全的行为

企图颠覆政府、分裂国家、推翻社会主义制度的行为；

参加境外各种间谍组织，或者接受间谍组织或代理人的任务的行为；

窃取、刺探、收买、非法提供国家秘密的行为；

策动、勾引、收买国家工作人员叛变或者将防地设施、武器装备交付他国或敌方的行为；

进行危害国家安全的其他破坏活动的行为。其他破坏活动包括组织、策划或者实施危害国家安全的恐怖活动的；捏造、歪曲事实，发表、散布文字或者言论，制作、传播音像制品，危害国家安全的；利用社会团体或者企业、事业组织，进行危害国家安全活动的；利用宗教进行危害国家安全活动的；制造民族纠纷，煽动民族分裂，危害国家安全的；境外个人违反有关规定，不听劝阻，擅自会见境内有危害国家安全行为或者有危害国家安全行为重大嫌疑人员的。

3. 增强保密意识，严格遵守保密制度

在涉及国家秘密的岗位上实习、就业的中职生，应该学习保密常识，增强保密意识，严格遵守保密制度，提高防范意识，在对外交往中坚持内外有别。在接触交往过程中，凡涉及国家秘密的内容，要么回避，要么按上级要求的对外口径回答，不要泄露内部的人事组织、社会治安状况、科技成果、核心技术和各种未公开的资料。自觉遵守保密的有关规定，做到：不该说的秘密，绝对不说；不该问的秘密，绝对不问；不该看的秘密，绝对不看；不该记录的秘密，绝对不记录；不通过普通电话、明码电报、普通邮局传达秘密事项；不携带秘密材料游览、参观、探亲、访友和出入公共场所；不在通信中谈及国家秘密，不在普通邮件中夹带任何保密资料。

拾获属于国家秘密的文件、资料和其他物品，应当及时送交有关单位或保密工作部门。发现有人买卖属于国家秘密的文件、资料和其他物品，应当及时报告保密工作部门或者公安、国家安全机关处理。发现有人盗窃、抢夺属于国家秘密的文件、资料和其他物品，应当场制止，并立即报告保密工作部门或者公安、国家安全机关。发现泄露或可能泄露国家秘密的线索，应当及时向有关单位或保密工作部门举报。

二、商业秘密

1. 什么叫商业秘密

秘密是与公开相对而言的，指个人或集团在一定的时间和范围内，为保护自身的安全和利益，需要加以隐蔽、保护、限制、不让外界客体知悉的事项的总称。构成秘密的基本要素有三点：一是隐蔽性；二是莫测性；三是时间性。

商业秘密，是指不为公众所知悉的，能为权利人带来经济利益，具有实用性并经权利人采取保密措施的技术信息和经营信息。它主要包括：商业工作规划、计划，重要商品的储备计划、库存数量、购销平衡数据，票据的防伪措施，财务会计报表；商品的库存量、供应量、调拨数量、流向；商品进出口意向、计划、报价方案，标底资料，外汇额度，疫病检验数据；特殊商品的生产配方，工艺技术诀窍，科技攻关项目和秘密获取的技术及其来源，通信保密保障等。

2. 商业秘密的拥有人具有哪些权利

（1）使用权。即拥有人可将该商业秘密用于自己的科研、生产实践中。

（2）转让权。即拥有人可根据自己的意愿，将该商业秘密转让他人使用。

（3）公开权。即拥有人可将该商业秘密向公众公开，使之成为公有技术。

（4）获得荣誉权。即当该商业秘密具有重要科学意义或产生重大价值，对社会作出贡献时，拥有人有权获得各种奖励、表彰等。

（5）经济收益权。即当该商业秘密转让给他人使用，或根据国家需要指定由他人使用时，拥有人有权依法获取经济收益。

（6）有限禁止权。即当他人以不正当手段获取商业秘密并加以使用时，拥有人可以要求其停止侵害，赔偿损失，必要时可向人民法院起诉。

3. 商业秘密被窃后的对策

（1）确定密级。要分清商业秘密是哪个密级的秘密。如果是国家秘密，要执行泄密报告制度，及时得到保密、公安和司法部门的协助。若非国家秘密的商业秘密被窃或被泄，也可寻求有关保密部门的指导和帮助。

（2）掌握证据。要弄清泄密源，掌握证据。发现商业秘密被窃或被泄露出在哪个环节、何人所为，收集证据。

（3）法律保护。如属国家秘密的商业秘密被窃或被泄，可依据《中华人民共和国保守国家秘密法》等法律法规；若是非国家秘密的商业秘密被窃或被泄，可依据《反不正当竞争法》等申请法律保护。

（4）建立制度。为严防商业秘密被窃或被泄，企业要建立健全保密规章制度，与有关人员签订保密协议，把保密责任落实到人，并加强商业秘密保护的检查，防患于未然。

从业者守护商业秘密，是诚实劳动的重要内涵。商业秘密失窃，不仅会对企业权利人造成经济损失，有的商业秘密还涉及国家安全和国际贸易竞争。任何企业的职工，都有严守本企业商业秘密的责任。失密者不仅会丢掉“饭碗”，而且会受到相应的经济和刑事责任处罚。

查一查

力拓上海四名员工因涉嫌窃取国家秘密而被拘捕

有些商业秘密涉及国家安全。例如，2009年以来，在中外进出口铁矿石谈判期间，胡士泰等人通过拉拢等收买中国钢铁生产单位内部人员，采取不正当手段刺探窃取了我国国家秘密，对我国国家经济安全和利益造成重大损害。

上网查查力拓员工窃取我国国家秘密的情况，再查找其他因商业秘密泄露造成企业损失的例子。

训练项目3 事故与安全生产

一、事故猛于虎

案例：
长发飘飘惹了祸

小夏是纺织厂的挡车工。一天，她和往常一样在织机前操作。突然，工友们听到一声惨叫。小夏的头发被卷入了正在高速运转的织机里。瞬间，她的整张头皮都被撕裂，脸上鲜血淋漓，现场惨不忍睹。

经调查，小夏一头披肩长发，平时戴着工作帽操作。出事时，工作帽没戴紧，在她低头接经线时，工作帽不慎脱落，头发被卷进织机。

事故背后是血与泪的教训和亲人的万分悲痛，是一个个幸福家庭的残缺甚至被毁灭，这一切怎能不让人感叹生命的脆弱和事故的可怕！

事故指意外的损失或灾祸，是在人们生产、生活中突然发生的、违反人意志的、迫使活动暂时或永久停止，可能造成人员伤害、财产损失或环境污染的意外事件。

工伤指劳动者在从事职业活动或者与职业活动有关的活动时，所遭受的伤害。

搜一搜

通过网络或其他媒体，找因为“小节”而出大事的工伤事故实例。

和同学交流这些事故，讨论“小节”与工伤事故的关系。

工伤事故是职工在劳动过程中发生的人身伤害。主要表现为下列三种情况：第一，职工在生产和工作岗位上，或在与生产和工作有关的劳动场所发生的伤亡事故；第二，由于企业管理不善或他人在生产、工作中不安全行为造成的职工伤亡事故；第三，企业生产和工作中发生突发事件，职工在抢险过程中的伤亡事故。

拓展：
全球的工伤事故

据国际劳工组织（ILO）统计，全球每年发生的各类伤亡事故大约为2.5亿起，这意味着平均每天约发生68.5万起，每小时约发生2.8万起，每分钟约发生475.6起。全世界每年死于工伤事故和职业病危害的人数约为110万（其中约25％为职业病引起的死亡），这比媒体所报道的每年

绊人的桩不在高，违章的事不在小

交通事故死亡99万人、暴力死亡56.3万人、局部战争死亡50.2万人和艾滋病死亡31.2万人都要多。在这些事故中，死亡事故比例很大，初步估算每天有3 000人因工作死亡。

这些工伤事故和职业危害在发展中国家所占比例甚高，如印度，事故死亡率比发达国家高出1倍以上。面对严重的全球化职业健康安全问题，国际劳工组织呼吁，经济竞争加剧和全球化发展不能以牺牲劳动者的职业健康安全利益为代价，到了维护劳动者人权、对生命质量提出更高要求的时候了。

企业职工伤亡事故分为20类（职业病除外），分别为物体打击、车辆伤害、机械伤害、起重伤害、触电、淹溺、灼烫、火灾、高处坠落、坍塌、冒顶片帮、漏水、放炮、瓦斯爆炸、火药爆炸、锅炉爆炸、容器爆炸、其他爆炸、中毒和窒息以及其他伤害。

链接 工伤的主要类型

职工有下列情形之一的，应当认定为工伤：

（1）在工作时间和工作场所内，因工作原因受到事故伤害的；

（2）工作时间前后在工作场所内，从事与工作有关的预备性或者收尾性工作受到事故伤害的；

（3）在工作时间和工作场所内，因履行工作职责受到暴力等意外伤害的；

（4）患职业病的；

（5）因工外出期间，由于工作原因受到伤害或者发生事故下落不明的；

（6）在上下班途中，受到机动车事故伤害，或受到非本人主要责任的非机动车交通事故或者城市轨道交通、客运轮渡、火车事故伤害的；

（7）法律、行政法规规定应当认定为工伤的其他情形。

职工有下列情形之一的，视同工伤：

（1）在工作时间和工作岗位，突发疾病死亡或者在48小时之内经抢救无效死亡的；

（2）在抢险救灾等维护国家利益、公共利益活动中受到伤害的；

（3）职工原在军队服役，因战、因公负伤致残，已取得革命伤残军人证，到用人单位后旧伤复发的。

二、工伤事故发生的原因

1. 环境因素

（1）脏乱的工作环境，不合理的工厂布置；

（2）不合理的搬运工具，缺乏安全防护装置或措施；

（3）设备保养不良，未定期进行安全检查；

（4）危险的工作场所，缺乏紧急应救的设施与措施。

2. 人为因素

（1）不知。不知道安全常识，尤其是新员工未曾受过训练，不知道安全方法、安全规则，不知道使用防卫器具。

（2）不能。不懂得安全操作规程，没掌握专门技能，如让未受专业训练的员工担任需要特殊技巧或智力的危险工作。

（3）不愿。不愿遵守安全规定，如员工怕麻烦、嫌不舒服，不愿按照安全规则使用防护器具，心存侥幸在禁烟区域吸烟，等等。

（4）粗心。由于疏忽而导致事故，如员工工作时粗心大意、乱开玩笑或漫不经心而导致意外事故的发生。

（5）疲劳。因劳累过度而导致事故，如员工超强度工作、连续加班、带病上岗或熬夜等。

（6）机能障碍。员工反应不够灵敏，不能及时消除或避免即将发生的危险。

三、从业者安全生产的义务和权利

从业人员不但要学会防止事故，履行保护自己、保护他人健康和生命的义务，还应该知道在受工伤后怎样争取有关法律法规的保护，维护自身应有的权利。

1. 从业者必须履行的义务

（1）在作业过程中，必须严格遵守本单位的安全生产规章制度和操作规程，服从管理，正确佩戴和使用劳动防护用品。

（2）接受安全生产教育和培训。

（3）及时报告事故隐患或其他不安全因素。

2. 特种作业及其准入

特种作业指容易发生人员伤亡事故，对操作者本人、他人及周围设施的安全可能造成重大危害的作业。我国规定属于特种作业的有电工作业、焊接与热切割作业、高处作业、制冷与空调作业、爆破作业、煤矿安全作业、金属非金属矿山安全作业、危险化学品安全作业、石油天然气安全作业、冶金（有色）生产安全作业和烟花爆竹安全作业等。

据统计，由于特种作业人员违规违章操作造成的生产安全事故，约占生产经营单位事故总量的80%。

链 接　新职工应该接受的三级安全教育

三级安全教育是指厂级、车间级、岗位安全教育。对象主要是新进人员，包括新调入工人、干部、学徒工、临时工、合同工和实习人员。

重要的危险岗位要经过专门安全教育，严格训练并考核合格后方可上岗。专门安全教育包括危险岗位和机器设备操作安全教育等。由于这些岗位不慎操作将可能导致操作者或他人的人身危险，因此要经常进行训练，严格规定岗前培训和考核制度，对合格者颁发上岗证，对不合格者严禁上岗。

特种作业人员必须经专门的安全技术培训并考核合格，取得《中华人民共和国特种作业操作证》后，方可上岗作业。特种作业人员应当年满18周岁，且不超过国家法定退休年龄。生产经营单位接收中等职业学校、高等职业院校学生实习的，应当对实习学生进行相应的安全生产教育和培训，提供必要的劳动防护用品。学校应当协助生产经营单位对实习学生进行安全生产教育和培训。未经安全培训合格的人员，不得上岗作业。

生产经营单位应当进行安全培训的从业人员包括主要负责人、安全生产管理人员、特种作业人员和其他从业人员。有关法律法规对培训学时有严格规定，不同工种的培训学时不同。煤矿、非煤矿山、危险化学品、烟花爆竹、金属冶炼等生产经营单位新上岗从业人员的安全培训时间和每年再培训时间应多于其他特种作业。培训内容主要是了解法律法规标准、事故案例，熟悉安全生产规章制度和安全操作规程，学习必要的安全生产知识，掌握本岗位的安全操作技能及事故应急处理措施，知悉自身在安全生产方面的权利和义务。生产经营单位采用新工艺、新技术、新材料或者使用新设备时，应当对有关从业人员重新进行有针对性的安全培训。

各级安全生产监管监察部门对生产经营单位安全培训及其持证上岗的情况进行监督检查，包括对从业人员现场抽考本职工作的安全生产知识等。

3. 从业者应有的权利

（1）有了解其作业场所和工作岗位存在的危险因素、防范措施及事故应急措施的权利。

（2）有对本单位的安全生产工作提出建议，对本单位安全生产工作中存在的问题提出批评、检举和控告的权利。

（3）有拒绝违章指挥和冒险作业的权利。

（4）发现直接危及人身安全的紧急情况时，有停止作业或者在采取可能的应急措施后撤离作业场所的权利。

（5）有享受工伤社会保险，因生产安全事故受到损害时要求赔偿的权利。

链接 工伤认定程序

当职工发生事故伤害或者按照职业病防治法规定被诊断、鉴定为职业病，用人单位应当依法申请工伤认定，此系其法定义务。用人单位未在规定的期限内提出工伤认定申请，工伤职工或者其近亲属、工会组织可直接依法申请工伤认定。

职工或者其近亲属认为是工伤，用人单位不认为是工伤的情况下，由该用人单位承担举证责任。

工伤认定材料提交：

（1）工伤认定申请表；

（2）与用人单位存在劳动关系（包括事实劳动关系）的证明材料；

（3）医疗诊断证明或者职业病诊断证明书（或者职业病诊断鉴定书）。

工伤认定有时限，过时不候。

一般情况下，用人单位申请工伤认定时限是30日，工伤职工或者其近亲属、工会组织申请工伤认定时限是1年，均自事故伤害发生之日或者被诊断、鉴定为职业病之日起算。

四、注重安全是职业素养的重要特征

职业素养是从业人员在职业活动中表现出来的综合品质，是从业人员遵循职业内在要求，在个人所具有的专业知识、技能基础上表现出来的作风和行为习惯。职业素养涵盖职业道德、职业安全、职业形象、职业能力、职业体能、职业审美以及崇尚劳动等诸多方面的内容。从业人员如果想有一个成功的职业生涯，就必须具备职业要求的综合品质，并形成符合职业要求的作风和行为习惯。

注重安全是职业素养的重要特征，因为注重安全的行为规范，往往是职业技能与政治、思想、道德规范的融合。安全生产，既与职业技能相关，也与政治、思想和职业道德相关；既与从业人员个人有关，也与社会和谐有关；既关系个人的生命安危和职业生涯发展，关系企业的稳定和发展，也影响社会的稳定和发展。

注重安全的职业素养，主要表现为具有安全意识，掌握安全规程，自觉落实安全防范措施以及养成安全习惯等方面。

只有具有强烈的安全意识，才能主动积极地去掌握安全规程，落实安全防范措施。是否具有安全意识，不仅要通过是否掌握了安全知识来验证，而且更要通过是否能自觉遵守安全规范，是否养成符合安全规范的行为习惯，是否处处、时时、自觉、严格地落实安全规程和安全防范措施等来检验。安全意识，既是对本人、他人生命和劳动的尊重，也是热爱集体、热爱生活在职业劳动中的具体形式之一，是德育在安全生产方面的落实。

掌握安全规程，自觉落实安全防范措施，不但应该掌握“怎样做”，而且应该掌握“怎样安全地做”。只有这样，才能保证自己和他人的生命安全，促进企业的发展，维护社会的稳定。

中职生应当结合专业课学习和实训，强化安全意识，认真学习安全规程，加强安全防范措施的训练，养成注重安全的行为习惯，努力提高职业安全素养，为职业生涯做好准备。

训练自测

一、讨论

1. 结合所学专业和即将从事的职业，讨论职业安全与“我的梦·中国梦”之间的关系。
2. 举例说明你对“注重安全是职业素养的重要特征”的理解。

话题 职业安全与“我的梦·中国梦”的关系？
养成注重安全的习惯为什么是职业素养的重要特征？

二、看看下面两个图表，想想为什么应该认真学习《职业安全与职业健康》

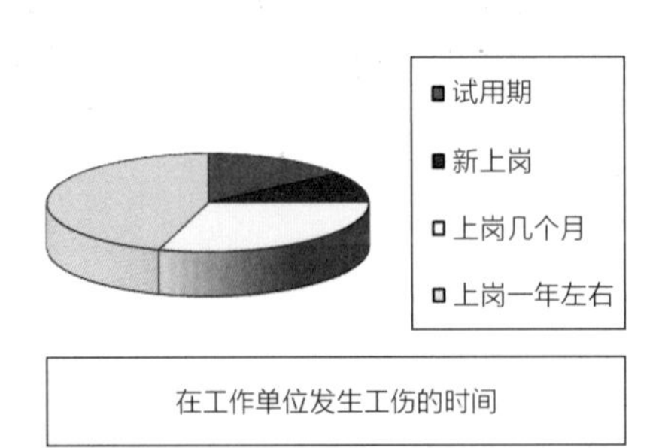

在工作单位发生工伤的时间

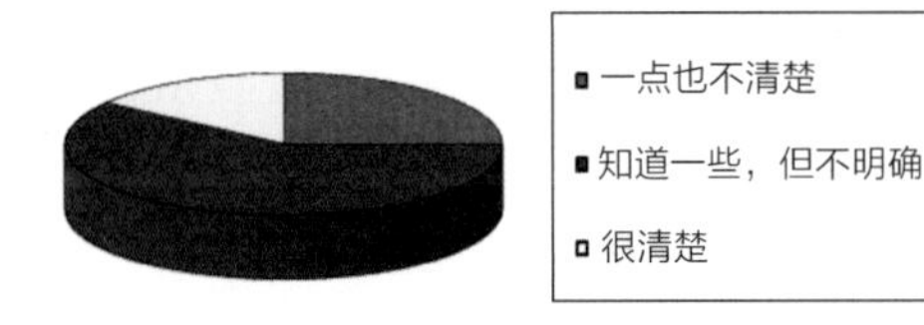

萧山、海宁等地8个中小型民营企业工人对当前频繁发生的工伤事故的了解程度

三、分析下列表格，看看有多少意外事故是从业人员不安全行为造成的，有多少是因为设备等不安全状况导致的。有人说“有98%的事故是可以防止、避免的”，谈谈你对这句话的体会

安全事故发生各原因的比例		
	事故的原因	所占比例
1.	不安全行为	88%
2.	不安全状况	10%
3.	天灾	2%

四、你怎样理解下面的话

1. 安全是最大的效益，事故是最大的浪费。
2. 思想意识上的不安全，是最大的安全隐患。
3. 安全要从日常的点点滴滴做起。
4. 安全造福社会、造福企业、造福家庭。
5. 安全托起你、我、他的幸福生活。
6. 工作为了生活好，安全为了活到老。
7. 安全生产伴随幸福一生，违章作业笼罩痛苦一世。
8. 不把安全放在心头，明天衣食就会发愁。
9. 安全规范是用鲜血和生命换来的。
10. 成在安全，败在事故。
11. 千万不要忘记违章后面是事故，事故后面是痛苦，痛苦后面是悔恨。
12. 为大家，为小家，时刻牢记安全。
13. 员工素养=生产安全=企业效益。
14. 美的真谛应该是和谐。这种和谐体现在人身上，就造就了人的美；表现在物上，就造就了物的美；融汇在环境中，就造就了环境的美。(作家：冰心)

五、分组收集以下两类案例，从职业素养的角度交流、探讨这些案例

1. 由于从业人员没有履行职业安全义务而引发事故的案例。
2. 在职业活动中注重个人安全的案例。

六、看图说安全

1. 三个小乌龟的安全意识不同，你赞同哪一种，为什么?

2. 他真的重视安全吗?

3. 企业对员工“跳槽”带走商业秘密，可以采取什么措施?

七、阅读并朗诵

一位安全员说：“有备、警觉是安全的双保险，无备、大意是事故的两温床。事故隐患不除，等于是放虎归山。祸患在警惕中远离你，悲剧在大意中亲近你。”

一个小小的火花可能引起火灾事故，一颗没有扣紧的纽扣可能导致手臂挤伤，一扇没有止挡的大门可能造成人员砸伤。每当你忽视安全时，可记否？上班前慈母的叮咛，爱妻的嘱咐，儿女的笑容。在事故发生时，你又可知？阴云笼罩的天空，是孤儿寡母的哭诉，是断臂残肢的哭诉，是一声声悔恨已晚的哭诉，一幕幕悲剧恍惚在昨天，一次次不幸浮现眼前。警钟在长鸣，生命在告急。实在不可想象，有多少幸福的家庭面临崩溃，有多少父母从此失去了孩子，多少孩子失去了父母，又有多少妻子失去了丈夫，多少丈夫失去了妻子，联想到这一切，你还能漠视自己的生命吗？财产损失，犹可亡羊补牢，但对于那些逝去的生命，我们又何以弥补？这难道不足以让我们深思、深虑和警醒吗？

一撇一捺的“人”字，代表着支撑天地的脊梁，寓意做一个人就必须担负起自己和他人的幸福。只有安全才能有收获，只有安全才能有幸福。所有的这一切都向我们昭示着人类生命的脆弱和可贵，所有的这一切都已经无数次地警示我们：安全就是生命、安全就是效益、安全就是秩序，安全就是我们对希望的不断追求。

前车之鉴，后事之师。那些用鲜血和生命换来的教训，难道不应该让我们提高警惕吗？难道不应该让我们把关爱生命、注重安全铭刻在心吗？！

第二单元 职业安全与实训

训练目标

1. 通过对安全习惯、安全色标、防护用品的了解，提高在日常生活和实训中养成安全习惯的自觉性，学会与即将从事的职业有关的安全色标识别和防护用品使用方法。

2. 通过对电气事故、触电事故规律的了解，提高在日常生活和实训中养成安全用电习惯的自觉性，明确安全用电的要求，学会触电急救的方法。

3. 通过对火灾原因和类别的了解，提高在日常生活和实训中养成防火习惯的自觉性，明确防止电气火灾、燃气火灾的要求，学会救火和火灾逃生的方法。

4. 通过对步行、骑车、乘车和乘船安全的了解，提高在日常生活和实训中养成交通安全习惯的自觉性，明确交通安全的要求，学会交通事故自救的方法。

训练项目1 注重安全要成为一种习惯

调查表明，人们日常生活行为有90%源自习惯，每个人在一天之内上演着自己的几百种习惯。习惯有好习惯和坏习惯，安全问题往往由坏的生活和工作习惯引起。中职生要明白“让习惯安全”和“让安全习惯”，让自己有成功的职业生涯。“让习惯安全”，就是要认真学习安全生产法律法规和安全操作规程，纠正不良习惯和不安全行为，提高安全素养，确保操作习惯的安全性。“让安全习惯”，就是在平时生活和工作中具有强烈的安全意识，养成能持之以恒的安全行为习惯。

一、安全习惯要在日常生活和实训中养成

实现体面劳动，促进个人职业生涯发展和经济社会发展，需要从业人员具有良好的职业安全习惯。良好的职业安全习惯可以让人受益终生，只有养成良好的职业安全习惯，才能做到：不伤害自己，不伤害他人，不被他人伤害。中职生在职业生涯开始以前，就要注意养成良好的安全习惯。

案例：

从事电焊、气焊的张师傅，一辈子没受过伤

张师傅是一位在20世纪50年代初就在电力部门工作的焊工，在望亭、攀枝花等大型发电工程的建设工地上，都留下过汗水。电力部门是容易出事故的行业，焊工又是个容易出事故的工种，可2000年退休的张师傅不但一次伤都没受过，而且焊工容易受伤害的眼睛、皮肤也都完好无损。

张师傅学历不高，可他善学习、勤思考、爱总结。在执行任务前，常常要多问几个怎样做、为什么这样做，自己看书查，向老师傅、技术员、工程师请教。在具体操作时，他不但每次都先检查防护面罩、绝缘鞋等个人防护用品，而且还要绕着电气焊设备走一圈，检查设备状况和施工环境。多年后，他不但成了企业的技能高手，还当上了安全标兵；不但代表企业在大型展览中展示过高超的焊接技艺，还在国家级焊接杂志上发表过论文，给专门从事焊接技术实务和研究的工程师、教授讲过课。

有人问他为什么一次工伤都没受过，他说："学焊接不仅仅是学电焊、气焊，不仅仅是学平焊、立焊、切割、气体保护焊，更要学安全保护。不懂安全，不注意防触电、防爆炸、防摔伤，不会护眼睛、护身体，只会焊接的人，技术再高超，也不是真正的焊工。我在当学徒时，跟着师傅干，养成了'查一遍、绕一圈'的习惯，当焊工40多年，每次操作前都这样。"

1. 实训时的基本安全要求

（1）实训期间，必须树立"安全第一"的思想，服从领导、指导教师、带训师傅的指挥，严格遵守劳动纪律，严格执行有关安全规定。

（2）进入实训场地，必须按要求穿戴好劳动保护用品，必须勤瞭望、勤联系、勤汇报、勤求教，及时报告安全隐患，严禁抽烟、聊天、打闹和乱走乱动。

（3）进入岗位后，必须严格按照规程操作，把工具放在指定位置、对号入座，保持岗位及周边卫生，经批准后再动电源或其他开关，做到坚守岗位，不乱动其他设备和工具。

（4）离开岗位时，必须严格执行交接班制度，按要求拉闸断电或关闭开关，清点并归位工具和材料，按规定打扫实训场地，关严、锁牢工具箱和门窗。

案例：

有些“玩笑”开不得

某港务局装卸班工人休息时，常坐卧在移动式输送机的皮带上。有一天，装卸工小李、小蒋、小韩午饭后坐在输送机皮带上聊天。工友小刘悄悄走近，想跟他们开个玩笑，于是突然按下启动开关。传输机皮带转动起来，三人坐姿不稳，连滚带爬随皮带上升。小李一时情急往下跳，摔在水泥坝上，造成头、肩、臂等多处骨折。小蒋、小韩二人落入大海，险些丧命。

安全规程规定：严禁跨越机械皮带及转动部位，不得在工作现场打闹。小李、小蒋、小韩休息时坐于输送机皮带上，已属严重违章行为；小刘故意启动机器搞恶作剧，违章就更严重。

2. 中职生怎样在日常生活和实训中养成安全习惯

（1）变“要我安全”为“我要安全”。要真正理解职业安全和安全习惯的重要性。符合操作规程的好习惯，可以有效预防事故发生；不合要求、有违规范的坏习惯，则是潜在隐患。自觉养成好的安全习惯，防微杜渐，就可以避免事故。

安全生产对于从业者来说意味着生命安全，注重安全是对自己和他人的生命负责任的表现。中职生要在实训中养成安全习惯，变被动为主动，变“要我安全”为“我要安全”。

案例：

四个人酿成的惨剧

一天，某油田试采厂安装队电工班班长小刘和电工小胡根据调度，乘运输队小杨驾驶的车到某作业区，为油井敷设加热电缆。

当时，采油工小许当班。小许经询问得知加热电缆需要45分钟才能敷设好，便回值班室休息。小刘让小杨将车辆停到作业位置后，便到配电房停电、验电，并把“有人工作、禁止合闸”的警示牌挂在配电柜上，但他没有锁上配电房的门，就离开配电房到作业场所和小胡开始作业。在他们作业时，小杨一直在驾驶室中。

一个多小时后，小许估计敷设加热电缆的作业应该结束了，急于送电开机；于是他站在值班室门口，面向作业的方向大声地问“好了没有？”，有人回答“好了！”小许听到回答后便去配电室送电，刚合上电闸，就听到“啊”的一声惨叫，她连忙拉下电闸，但是已经晚了。

事后查明，那声“好了”是在驾驶室中的小杨回答的，实际上作业并未结束。送电时，小胡正把电源线从井架下拉出，手握在电源线端头裸露的部分。小胡触电后，经抢救无效死亡。

来自三个部门的四名作业人员，都没有养成良好的职业安全习惯，形成连环违章，最终酿成了生产安全事故。设想一下：如果小刘验电后按规定锁上配电房的门，如果小许由电工验电后送电，如果小杨不答自己不应该答的问题，还会发生这起事故吗？

安全习惯是养成的。所谓习惯，是长时期养成的不易改变的动作、生活方式和社会风尚等。换言之，习惯是经过重复或练习而巩固下来的思维模式和行为方式，是一种常态，一种“下意识”，一种无须思考即可做出的动作。所以有人说：习惯成自然。

通过训练，把安全要求变成为自己的习惯，意味着将动作程序植入大脑和肌肉之中，使言行举止自然而然地符合安全要求，成为稳定的行为和动作。

链接　习惯养成的21天和90天

行为心理学的研究表明：21天以上的重复会形成习惯；90天的重复会形成稳定的习惯。

习惯养成的三个阶段：

（1）1~7天的特征是“刻意，不自然”，即要刻意提醒自己，感到不自然、不舒服。

（2）7~21天的特征是“刻意，自然”，即感到比较自然，比较舒服，但一不留神会反复，要刻意提醒自己。

（3）21~90天的特征是“不经意，自然”，巩固习惯、固化行为，进入习惯稳定期。

（2）在日常生活中养成服从命令听指挥和遵守规章制度的习惯。从业者必须落实安全防护措施，才能保证自己和他人的安全，才能保证职业活动的正常进行。职业安全不是要求从业者暂时、表面的服从，而是持久（甚至终身）、发自内心的服从。

中职生在日常生活中如果能养成服从命令听指挥和遵守规章制度的好习惯，纠正自由放任、自行其是、自作主张的坏习惯，就能在职业生涯中，顺理成章地服从职业安全对自己的约束和要求，自然而然地遵守企业的规章制度。

（3）在实训中强化安全习惯。实训是在真实或模拟仿真的职业活动中进行的训练，往往与即将从事的职业直接挂钩。由于实训与真正的职业活动的安全要求一致或十分相似，因此在实训中强化安全习惯，往往效果十分明显。

参加实训的中职生都是“新手”，为此中职生应该做好接受严格管理，甚至受到严厉训斥的思想准备。这种严格和严厉，是对中职生生命的珍爱、呵护，千万不能产生反感。

例如，电力行业的班组长和安全员往往在要求外线工自查的基础上，还要仔细检查每个人的安全帽、保险带、脚钩、绝缘棒、梯子等安全绝缘工具、器械是否牢固完好，绝缘情况是否良好，是否按照安全规程操作，是否有人监护。有些班组长还会大声下令、提醒，让每个人随时处于清醒、警觉的状态。

试一试

从今天做起

服从命令听指挥和遵守规章制度的好习惯的训练机会就在你身边。例如，在课间操时听到立正的命令时，立正了吗？动作规范吗？反应迅速吗？

找出在日常生活中训练自己服从命令听指挥和遵守规章制度的好习惯的机会，和同学结对互助，练习其中一项，坚持一个月。

案例：

违规船员被渔网拖下水

某渔船在放网时由于网挂在网钩上，网一时放不下去。一个船员去排除故障时，没有遵守“在放网时不能走到放网的网具上”的规定，走到网具上。故障排除后，网具开始往海里放，但他的左脚被套在网圈内，连人带网一起被拖下海。尽管船长马上命令收网，但落水的船员因未按照“临水作业要穿着救生衣”的要求穿救生衣，被海水冲到很远的地方。当他被救捞上来后，虽经心脏复苏、人工呼吸等急救措施，还是停止了心跳。这位船员既无安全意识，又未养成按规定操作的习惯，在一项操作中两次违章，最终付出了生命的代价。

各行各业的安全规章制度，都是该行业从业者在长期职业活动中总结出来的经验，往往付出过生命的代价。在一定程度上，安全习惯的养成，除了从业人员自我训练外，常常还需要外在压力，如班组长或安全员的严格管理，通过“盯、逼、管”，甚至采取停工、罚款等手段，强制每个人严格落实安全措施。

在实训中强化安全习惯可以从以下三方面入手：

① 全面了解所学专业的实训场地安全要求。

② 根据安全要求分析自己，明确需要改进的问题和必须改掉的坏习惯，确定应该养成的安全习惯。

③ 在全面遵守实训场地安全要求的基础上，找出自己必须首先养成的习惯，制订操作性强的措施，和在同岗位实训的同学“结对子”，互相监督、相互激励。

二、辨认安全色标

安全色标就是用特定的颜色和标志，即安全色和安全标志，引起人们对周围环境的注意，提高人们对不安全因素的警惕。在紧急情况下，人们能借助安全色标的指引，尽快采取防范和应急措施，避免发生更严重的事故。

不仅在企业等生产场地有安全色标，在公共场所、娱乐场所和学校也能看到安全色标。中职生要在日常生活和实训中，有意识地学会辨认、熟识安全色标，强化按照安全色标行动的意识，养成按安全色标行动的习惯，为正式走上工作岗位做好准备。

1. 安全色

我国的安全色国家标准采用红、黄、蓝、绿四种颜色，作为发布“禁止”“警告”“指令”和“提示”等安全信息含义的颜色。为强化红、黄、蓝、绿这四种颜色的视觉效果，往往用白色和黑色作为安全色的对比色。黄色的对比色为黑色，红、蓝、绿色的对比色为白色。黑色也用于安全标志的文字、图形符号和警告标志的几何图形，白色也用于安全标志的文字和图形符号。

（1）红色，用于表示危险、禁止、紧急停止的信号。红色注目性高，视认性好，用白色衬托更引人注目，会使人在心理上产生兴奋感和刺激感。并且红色光波较长，在较远的地方也容易辨认。

凡是禁止、停止和有危险的器件、设备或环境，均涂以红色的标志。例如：交通岗和铁路上的红灯作为禁行标志，禁止标志、消防设备、停止按钮、刹车装置的操纵把手、机器转动部件的裸露部分（飞轮、齿轮、带轮等的轮辐、轮毂）、液化石油气汽车槽车的条带及文字、危险信号旗等均以红色为标志。

找一找

在校园、实训场地和学校周围的马路、商场，找一找安全标志，解读它们的含义。

想一想，你能按照安全标志的要求约束自己的行为吗？

红色与白色相间隔的条纹表示禁止通行、禁止跨越，常用于公路、交通等方面所用的防护栏杆及隔离墩，也用于生产企业禁止靠近的变电站等设备。

（2）黄色，用于警告或特别提醒的信号。黄色是一种明亮的颜色，用黑色做对比色，特别是黄、黑相间组成的条纹视认性最高，特别能引起人们的注意。

警告人们注意的器件、设备或环境，常涂以黄色或黑、黄相间的标记。例如，铁路和公路交叉道口上的防护栏杆、道路交通路面标志、带轮及其防护罩的内壁、砂轮机罩的内壁、楼梯第一级和最后一级的踏步前沿、工矿企业内部的防护栏杆、吊车吊钩的滑轮架等。

（3）蓝色，用于指令标志的颜色。用白色衬托出的蓝色图像或标志在阳光照射下，十分明显。所以要求必须遵守的行为，如生产活动中的指令标志、交通指示标志等，均用蓝、白互衬的图案。蓝色与白色相间隔的条纹表示指示方向，常用于交通上的指示性导向标。

（4）绿色，用于表示通行、安全提示的颜色。因为绿色使人感到舒服、平静和安全，所以凡是在可以通行或表示安全的情况下，涂以绿色标志。如：交通岗和铁路、机器启动按钮，安全信号旗等。

拓展：

安全色不都是安全含义

红色、蓝色、黄色或绿色只有作为安全标志或以表示安全为目的时，才能称为安全色。有些行业用这些颜色来区别用途或器材的类别，与安全没有直接关系，不能称为安全色。

例如，气瓶和化工厂各种管道的涂色，目的是用以区别盛装各种不同气体的气瓶，表示不同管道盛装不同的气体或化学物质，便于判断不同的管道所盛装的物质，对方便操作、排除故障和处理事故都有重要意义，没有“禁止”“警告”或“指令”的意思。又如，液氯钢瓶涂草绿色，并不是告诉人们使用这种气瓶是安全的。再如，电力行业采用不同颜色区别设备特征，电气母线A相为黄色、B相为绿色、C相为红色，明敷的接地线涂以黑色，这都只是便于识别，防止误操作，虽然也与安全有关，但不是“禁止”“警告”“指令”的含义。

2. 安全标志

安全标志是由安全色、几何图形和符号构成，用以表达“禁止”“警告”“指令”“提示”等特定的信息，引起人们对不安全因素的注意，预防发生事故。安全标志图形简明，醒目易辨，引人注目，让人一看就知道它所表达的信息含义。

安全标志分为禁止标志、警告标志、指令标志、提示标志四类，以及与此四类相应的补充标志。补充标志是每个安全标志下方的文字，可以和标志连在一起，也可以分开，用于补充说明安全标志的含义。

（1）禁止标志

在圆环内划一斜杠，即表示“禁止”或“不允许”的意思。例如，禁止明火作业、禁止吸烟、禁止启动、禁止戴手套、禁止通行的标志等。

圆环和斜杠涂以红色，圆环内的图像用黑色，背景用白色。说明文字设在几何图形的下面，文字用白色、背景用红色。

（2）警告标志

三角形引人注目，故用作“警告标志”。含义是使人们注意可能发生的危险，必须遵守的意思。如“当心触电”“当心有毒”等。

三角形内的背景用黄色，三角形边框和三角形内的图像均用黑色。黄色是有警告含义的颜色，在对比色黑色的衬托下，绘成的“警告标志”就更引人注目。

（3）指令标志

在圆环内配上指令含义的颜色——蓝色，并用白色绘画必须履行的图形符号，表示必须遵守的意思。例如，必须戴防护眼镜、必须戴安全帽、必须用防护装置、必须加锁等。

（4）提示标志

在绿色长方形内的文字和图形符号，配以白色或标明目标的方向，构成了提示标志。长方形内的文字和图形符号用白色。方向提示标志指出安全通道或太平门的方向，如在有危险性的生产车间，当发生事故时，要求操作人员迅速从安全通道撤离，就需要在安全通道的附近标上有指明安全通道方向的提示标志。

消防设备提示标志用红色，是标明各种消防设备存放或设置的地方，当发生火灾时，人们

不会因为慌张而忘了消防设备设置的地方。

案例：

小张不放警示牌，造成儿童坠入

某供热公司查出一条蒸汽管道主管阀门泄漏，管道保温层损坏严重，随即确定检修。为了便于施工，巡网员小张在清晨停汽后，沿管线把几处需检修的小室井盖打开，以便让管道尽快散热，可是他没有设防护围栏和警示标志。一个小孩路过时不慎坠入井中，摔在距井口2米深的已脱落保温层的主蒸汽管上，并被高温管道烫伤，抢救无效而死亡。

安全措施不仅保护从业者，也是对他人安全的保障。检修维护和进行各类路面地下井（污水井、热力井、电讯井等）作业时，安全规章要求打开井盖时必须设立防护围栏和警示标牌。进行井下操作或检修作业，井上还应有监护人。如隔天作业，现场夜间不但要设立防护栏，还应悬挂警示红灯。

三、了解劳动防护用品

劳动防护用品是保护从业人员在生产过程中的人身安全与健康所必备的防御性装备，对减少职业危害有重要作用。

中职生应结合即将从事的职业，根据使用场所及工作岗位的不同防护要求，正确选择符合要求的防护用品，掌握个人防护用品的性能及正确使用方法。

劳动防护用品按防护部位分为九类：

1. 安全帽类

（1）安全帽。在生产作业中，安全帽能有效地防止和减轻从业人员被坠落物体砸中或自己坠落时对头部的伤害。

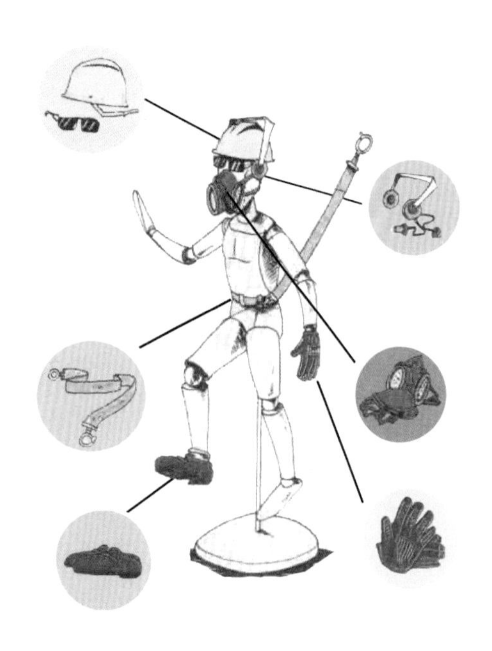

有的安全帽还具有附加功能，如防电报警安全帽、防噪声安全帽、电焊面罩安全帽以及在炼钢、井下、矿山、采油等特殊作业中使用的玻璃钢安全帽等。

使用安全帽时，首先要选择与自己头型适合的安全帽；佩戴安全帽前，要仔细检查合格证、使用说明、使用期限，并调整帽衬尺寸。安全帽顶端与帽壳内顶之间必须保持20~50毫米的距离。有了这个距离，才能形成一个能量吸收系统，使遭受的冲击力在整个头骨的上分散，减轻对头部的伤害。其次，不能随意对安全帽进行拆卸或添加附件，以免影响其原有的防护性能。安全帽一定要戴正、戴牢，不能晃动，调节好后箍，以防脱落。

戴不戴安全帽不能有侥幸心理，必须按规定执行。此外，安全帽有一定的使用期限，到期的安全帽要进行检验，符合安全要求才能继续使用。

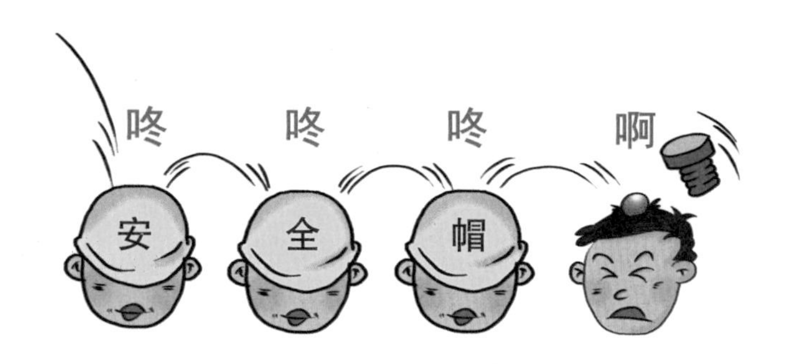

（2）防护头罩。有些工种需要戴防护头罩，或在戴安全帽的同时戴防护头罩。防护头罩由头罩、面罩和披肩组成，用于防止火炬、腐蚀剂烟雾、粉尘以及恶劣气候的伤害。如油漆喷涂、炼钢炼铁、水泥喷浆等工种，就离不开防护头罩。

（3）工作帽。工作帽用于防尘、防静电和保护头部。例如，纺织、机械等行业从业者在车间操作时使用工作帽，既能预防头发被转动的传动带或机器卷入，造成事故，又能保护戴帽者的头发不被灰尘等弄脏。化纤、电子、印刷等行业工作者佩戴工作帽，还能防止因头发摩擦产生的静电吸附绒毛、尘埃，影响产品质量，甚至引起爆炸等事故。工作帽也用于医药、护理、食品、餐饮等行业，有利于保护工作环境卫生和个人卫生。

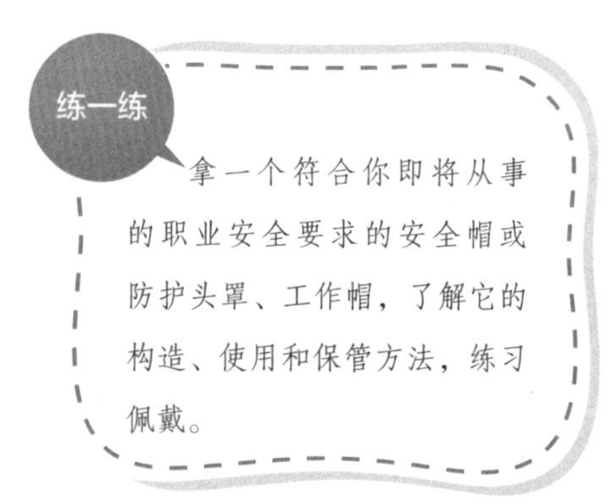

2. 呼吸护具类

（1）防护口罩。防护口罩可过滤空气中的微粒。

——防尘口罩：防尘口罩可以防止或减少粉尘进入呼吸道，从而保护人体健康。极微细油性及非油性粉尘，进入呼吸道，能穿透人体的自身防御系统，直接进入肺泡并沉积在那里，经过长时间的积累会导致矽肺病或其他尘肺病，不可治愈，终生危害身体健康。

防尘口罩有许多种。有一种专用于过滤极微细非油性工业粉尘，适用于建筑、矿山、铸造、木加工、电子、纺织、制药、物料处理及打磨处理等作业时产生的粉尘防护。

——医用口罩：医用口罩疏水透气性强，可阻隔飞沫、血液、体液、分泌物，对微小带病毒气溶胶或有害微尘过滤效果显著，在新冠肺炎流行期间，人人都要戴口罩的原因就在于此。

（2）防毒面具。戴在头上，可以保护呼吸器官、眼睛和面部，防止毒剂、生物制剂和放射性灰尘等有毒物质伤害。

按防护原理，可分为过滤式防毒面具和隔绝式防毒面具。

① 过滤式防毒面具。由面罩和滤毒罐（滤毒盒）等过滤元件组成。面罩包括罩体、眼窗、通话器、呼吸活门和头带（或头盔）等部件。滤毒罐用以净化染毒空气，内装滤烟层和吸着剂。面罩可直接与滤毒罐连接使用，或者用导气管与滤毒罐连接使用。过滤式防毒面罩可以根据防护要求分别组合各种型号的滤毒罐，应用在化工、仓库、科研等各种有毒、有害的作业环境。

② 隔绝式防毒面具。由面具本身提供氧气，在防尘、防毒时，还有供氧功能。分贮气式、贮氧式和化学生氧式三种。隔绝式防毒面具主要在高浓度染毒空气中，或在缺氧的高空、水下或密闭舱室等特殊场合下使用。

3. 眼防护具

眼防护具用于保护作业人员的眼睛、面部，分为焊接用眼护具，炉窑用眼护具，防冲击眼护具，微波防护具，激光防护具以及防化学、防尘等眼防护具。

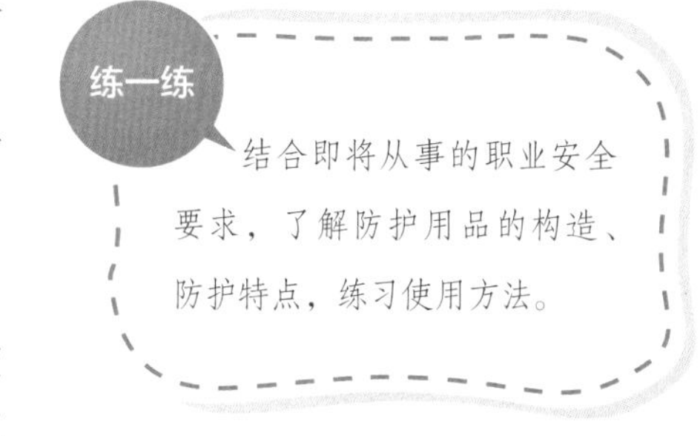

结合即将从事的职业安全要求，了解防护用品的构造、防护特点，练习使用方法。

常见的眼防护具有以下五类：

（1）防打击的护目镜。有硬质玻璃护目镜、胶质黏合护目镜（受冲击、击打破碎时呈龟裂状，不飞溅）和钢丝网护目镜。钢丝网护目镜能防止金属碎片或碎屑、砂尘、石屑、混凝土屑等飞溅物对眼部的冲击，在进行金属切削、混凝土凿毛、手提砂轮机等作业时佩戴。

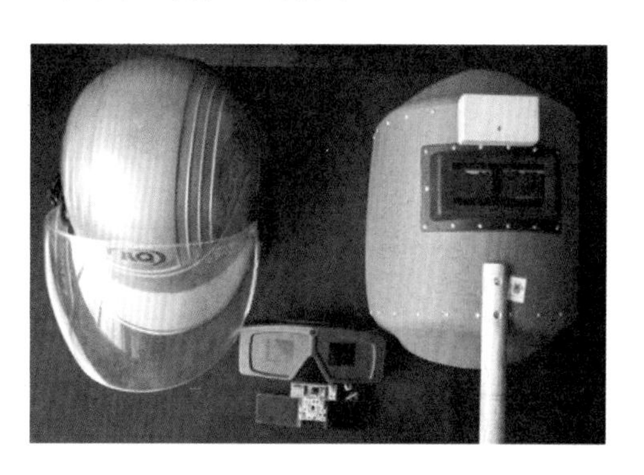

（2）防紫外线、红外线和强光用的护目镜和面罩。焊接工作使用的面罩应由绝缘材料制作。

（3）防腐蚀液的护目镜。主要用于防止酸、碱等液体及其他危险液体与化学药品对眼部的伤害。

（4）防激光的护目镜。在玻璃镜片中加入一定量的铅制成，主要防止激光对眼部的伤害。

（5）防灰尘、烟雾及各种有轻微毒性或刺激性较弱的有毒气体的护目镜。

4. 听力护具

长期在90分贝以上或短期在115分贝以上的环境中工作时，应使用听力护具。

（1）防噪耳塞。插入耳道后与外耳道紧密接触，隔绝声音进入鼓膜、中耳和内耳，从而保护工作者听力。

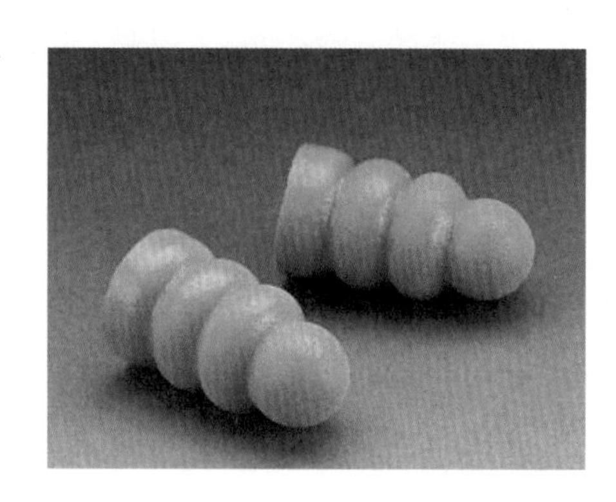

（2）防噪耳罩。适用于暴露在强噪声环境（如造船厂、金属结构厂的加工车间、发动机试车台等）的工作人员。耳塞和耳罩结合使用，可使噪声减少（相比单独使用）5~15分贝。

（3）防噪头盔。可把头部基本保护起来，如再加上防噪耳罩，防噪效果更好。防噪头盔具有防噪声、防碰撞、防寒、防暴风、防冲击波等功能，适用于强噪声环境，如靶场、坦克舱内部等高噪声、高冲击波的环境。

5. 防护鞋

防护鞋用于足部安全防护，根据用途分为耐油鞋、防振鞋、防水鞋、防寒鞋、防砸鞋、防滑鞋、防刺穿鞋、耐酸碱鞋、导电鞋、防静电鞋和电绝缘鞋、焊接防护鞋等多种类型。

必须穿防护鞋

每种防护鞋都有特定功能，不能替代。例如，绝缘鞋适用于电工、电子操作工、电缆安装工、变电安装工等工频电压1千瓦以下的作业环境。而防静电鞋能消除人体静电积聚，适用于易燃作业场所，如加油站操作工、液化气灌装工等，应与防静电服配套使用。防静电鞋不能当绝缘鞋使用，不能同时穿绝缘的毛料厚袜或使用绝缘鞋垫。

又如，耐酸碱鞋用于电镀工、酸洗工、电解工、配液工、化工操作工等，而冶金、矿山、林业、港口、装卸、采石、机械、建筑、石油、化工等行业，要用内包头安全性能较高的保护足趾的防砸鞋。

6. 防护手套

防护手套用于手部保护，种类繁多，既有抗化学物的，也有防切割、防辐射、耐火阻燃的，还有绝缘和防水、防寒的。

防护手套的专用性很强。例如，防切割手套（钢丝手套）用于肉类分割、玻璃加工、薄板加工、金属加工、石油化工、救灾抢险、消防救援等行业。又如，一般的耐酸碱手套与专用抗化学物的防护手套不一样，因为不同的化学物的化学性质不同，使用时应根据所防对象选用专用的防护手套。再如，焊接手套能防御焊接作业的火花、熔融金属、高温金属、高温辐射等的伤害。

7. 防护服

防护服用于保护职工免受劳动环境中的物理、化学因素的伤害，分为特殊防护服和一般防护服（即普通工作服）两类。

特殊防护服有全身防护型工作服，也有分别用于防毒、防尘、防射线、防静电、耐酸、阻燃、隔热，以及通气冷却、通水冷却的防护服，还有防水服、绝缘服等。

8. 防坠落具

防坠落具用于防止坠落事故的发生，主要有安全带和安全网。

（1）安全带。安全带是“救命带”，用于高处作业攀登及悬吊作业，保护对象为体重及负重之和不超过100 kg的使用者。由系绳、带子和金属配件（卡环、卡簧等）组成。使用安全带前应检查系绳、带子有无变质，卡环是否有裂纹，卡簧弹跳性是否良好；应高挂低用，拴挂在牢固的构件或物体上，禁止把安全带挂在移动或带尖锐棱角或不牢固的物件上，要防止摆动或碰撞；安全带的系绳严禁擅自接长使用；要注意维护和保管，定期或抽样检验用过的安全带。

高处作业人员应系牢安全带

要克服系安全带麻烦的想法，特别是一些小活、临时活，认为“有系安全带的时间活都干完了”。殊不知，事故发生就在一瞬间。

（2）安全绳。安全绳是在高空作业时用于保护人员和物品安全的绳索，一般分为合成纤维绳、麻绳或钢丝绳。在施工、安装、维修等高空作业时，可保护外线电工、建筑工人、电信工人、电线维修工人等。人体由高处向下坠落时，如超过某一限度，即使把人用绳拉住，但因所受的冲击力太大，也会使人体内脏损伤而死亡。因此，安全绳的长度要有一定的限度。

（3）安全网。安全网用来防止人、物坠落，或用来避免、减轻坠落物及物击伤害。常用于在高空进行建筑施工、设备安装或技艺表演时，在下或侧方设置的起保护作用的网，具有强度高、安装方便、抗老化、耐冲击、耐腐蚀等特点。

9. 护肤用品

护肤用品用于外露皮肤的保护，分为护肤膏和洗涤剂等。

护肤用品对皮肤的保护只起辅助作用，关键在于皮肤不接触、少接触有害物质。例如，为防止皮肤受电弧的伤害，焊工除了涂抹护肤膏外，更重要的是穿浅色或白色帆布工作服，用以反射、隔离电弧，把工作服袖口扎紧、领口扣好，做到皮肤不外露。

训练项目2 用电安全和急救

随着电气设备在各行各业的普遍使用，电气事故已成为引起人身伤亡、爆炸、火灾事故的重要原因。

一、电气事故

1. 事故的成因

按事故的基本原因，电气事故可分为触电事故、电路故障事故、射频伤害、雷击和静电事故：

（1）触电事故。身体触及带电体（或接近高压带电体）时，由于电流通过人体而造成的人身伤害事故。一般触电可分为单相触电和两相触电，高压触电又可分为高压电弧触电和跨步电压触电。

两相触电（左）和单相触电（右）

链接 四种触电

单相触电是人体触击一根带电导体或接触到漏电的电气设备外壳造成的电击。

两相触电是人体不同部位触及对地电压不同的两相带电导体造成的电击，两相触电的危险性大于单相触电。

高压电弧触电是指人靠近高压线或高压带电体，造成弧光放电而触电。电压越高，对人身的危险性越大。

跨步电压触电是指在高压电网接地点或防雷接地点及高压相线断落或绝缘损坏处，有电流流入接地点，电流在接地点周围土壤中产生电压降，当人体走近接地点时，两步之间就有电位差，由此引起的触电事故称为跨步电压触电。步距越大、离接地点越近，跨步电压也越大。已受到跨步电压威胁者，应采取单脚或双脚并拢方式迅速跳出危险区域。

（2）电路故障事故。指电能在传递、分配、转换过程中，由于失去控制而造成的事故。包括线路和设备故障等，不但会损坏电气设备，而且严重威胁人身安全。

（3）射频伤害。即电磁场的能量对人体造成的伤害，亦称“电磁场伤害”，超高压的高强度工频电磁场也会对人体造成一定的伤害。

（4）雷击和静电事故。雷击常可摧毁建筑物，伤及人、畜，还可能引起火灾；静电的最大威胁是引起火灾或爆炸事故，也可能造成对人体的伤害。

以上四种电气事故，以触电事故最为常见。触电事故的伤害类型分为电击和电伤两类。电击即电流通过人体，破坏心、肺、神经系统等，造成痉挛、窒息、心室颤动、心搏骤停甚至死亡。电伤即电流通过体表，对人体造成局部伤害，如电灼伤、电烙印等。

2. 电气事故危险性大的环境

绝大多数实训场地和工作场所都有电气设备，都有可能发生电气事故。即使在电气事故危险性不大的环境中，如果不遵守用电安全要求，也有触电的危险。

（1）电气事故危险大的环境。潮湿、粉尘多、金属设备和材料多，以及用泥、砖、钢筋混凝土做地面的环境，危险性大。特别潮湿，有腐蚀性气体、蒸汽或游离物，是高度危险环境。

（2）有引发爆炸、火灾危险的环境。制造、处理和贮存爆炸性物质的场所，或者是能产生爆炸性混合气体或爆炸性粉尘的场所，是有用电不当而引发爆炸危险的环境。凡制造、加工和贮存易燃物质的环境，均属于有用电不当而引发火灾危险的环境。

案例：

汗液导致小胡触电身亡

某施工队在一艘船上电焊，班长安排没有上岗证的工人小胡，到船舱中焊接一根加热用的排管。在排管上进行电焊作业时，小胡的臀部与排管直接接触，而地上没铺绝缘垫；船舱内温度很高，小胡身上的工作服和手套被汗液湿透。班长检查时发现小胡两手抱着焊钳，仰面躺在舱内排管上一动不动，立即用力将搭在小胡胸口的焊枪电线拽开，随后跑到舱外关闭电闸，叫人帮助把小胡抬出舱外，发现小胡已经死亡。

班长派没有上岗证的小胡独自进行电焊，小胡违章作业，又缺乏安全监护，致使他在作业过程中触电身亡。

二、电气事故的发生规律和预防

1. 电气事故的发生规律

电气事故往往发生得很突然，而且能在极短的时间内造成极为严重的后果。从电气事故的发生频率来看，有以下规律：

（1）季节性明显。每年的二三季度多发，6~9月最集中。这段时间不但天气炎热、人体多汗，而且部分地区多雨、潮湿，电气设备绝缘性能降低，因此触电危险性较大。

（2）低压设备和携带式设备、移动式设备事故多。由于低压设备远多于高压设备，与之接触的人又比较缺乏电气安全知识，所以低压触电事故远多于高压触电事故。而携带式设备、移动式设备经常在人手握之下工作，需要经常移动，工作条件较差，容易发生事故。

（3）连接部位电气事故多。电气事故多发生在分支线、接户线、地爬线、接线端、压线头、焊接头、电线接头、电缆头、灯座、插头、插座、控制器、开关、接触器、熔断器等处。主要是由于这些连接部位牢固性较差，可靠性也较低，因此容易出现故障。

（4）冶金、矿产、建筑、机械行业和农村电气事故多。这些行业潮湿、高温、现场情况复杂，且存在移动式设备、携带式设备或现场金属设备多等不利因素，因此电气事故较多。农村用电条件差、设备简陋、人员技术水平低、管理不严、电气安全知识缺乏，因而电气事故也比较多。

（5）中青年以及非电工误操作电气事故多。中青年和非电工接触电气设备时，经验不足，缺乏电气安全知识，或操作程序不规范、操作动作不熟练，因此易发生误操作电气事故。

链接 插座使用的安全要求

对没有“特种作业操作证”而进行用电操作的中职生来说，不私自拆装电气设备是防止电气安全事故的基本要求。

插座是所有电气设备中最常见、最简单的部件，但其选用是有严格要求的。插座的选择和安装必须与用电设备、工具和线路的负荷、电压相适应，只能用来控制2千瓦以下的用电设备和0.5千瓦的电动机。使用插座，应满足以下安全要求：

（1）不同电压的插座有明显的区别，不能混用。

（2）两孔插座只能用于不需要PE保护线（即地线）的场所。横向安装时左侧接中性线，右侧接相线；纵向安装时下方接中性线，上方接相线。

（3）三孔插座用于220伏需要PE保护线（即地线）的场所。安装时上孔接PE线，左侧接中性线，右侧接相线，中性线和PE线不得共用一根线。

（4）四孔插座只能用于380伏用电设备，安装时上孔只准接PE线。

（5）插座必须装在固定的绝缘板上，不允许以电线吊用，禁止将电源线接在插头上或直接将电线插入插座使用。

（6）所选插座应保证各孔相互不会混插，接PE线的插头应长于其他插头。

（7）插座露天安装时，应有防雨安全措施。

2. 非电工人员不要乱动电气设备

绝大多数职业的从业者都会接触电气设备。为防止触电和其他电气事故，非电工人员应严格做到以下三点：

（1）养成安全用电的习惯，认真学习安全用电知识，不乱装乱拆电气设备，不乱接线。

（2）使用电气设备时，严格遵守有关安全规程和操作规程。

（3）不接触带电部件，请电工对各种电气设备进行定期检查，及时处理绝缘损坏、漏电和其他故障，对不能修复的电气设备，应予以更换，不可带“病”运行。

拓展：
触电事故的主要原因

常见触电事故的主要原因有：电气线路、设备检修中措施落实不到位；电气线路、设备安装不符合安全要求；非电工任意处理电气事务；接线错误；移动长、高金属物体时触碰高压线；

在高位作业（天车、塔、架、梯等）误碰带电体或误送电触电并坠落；操作漏电的机器设备或使用漏电的电动工具（包括设备、工具无接地、接零保护措施）；设备、工具已有的保护线中断；电钻等手持电动工具电源线松动；水泥搅拌机等机器的电动机受潮；打夯机等机器的电源线磨损；浴室电源线受潮；带电源移动设备时损坏电源绝缘；电焊作业者穿背心、短裤，不穿绝缘鞋，汗液浸透手套，焊钳误碰自身，湿手操作机器按钮等；暴风雨、雷击等自然灾害；现场临时用电管理不善；盲目闯入电气设备遮栏内；搭棚、架等作业中，用铁丝将电源线与构件绑在一起；遇损坏落地电线且用手拣拿等。

3. 企业安全用电要领

（1）用电设备的金属外壳必须与保护线可靠连接，厂房内的电线不能乱拉乱接，禁止使用残旧的电线。

（2）手电钻、打夯机、手提砂轮机等移动式设备，必须安装漏电保护开关，并经常检查漏电保护性能。熔丝烧断或漏电保护开关跳闸后要查明原因，排除故障后才可恢复送电。

（3）电缆或电线的破损处要用电工胶布包好，不能用医用胶布代替，更不能用尼龙纸包扎。不要将电线直接插入插座内用电。不要用铜线、铝线、铁线代替熔丝，空气开关损坏后立即更换，熔丝和空气开关一定要与用电容量相匹配。

（4）不要用湿手触摸灯头、开关、插头、插座和用电器具。开关、插座或用电器具损坏或外壳破损时应及时修理或更换，未经修复不能使用。不要把电烙铁、电炉等发热电器直接搁在木板上或靠近易燃物品，对无自动控制的发热器具用后要随手关电源。

（5）电器通电后冒烟、发出烧焦气味或着火时，应立即切断电源，切不可用水或泡沫灭火器灭火。

（6）电气设备的安装、维修应由持证电工负责。

有电工《特种作业操作证》的从业者，尽量不要带电工作，特别在危险场所（如高温、潮湿地点），严禁带电工作。必须带电工作时，应做好各种安全防护，如使用绝缘棒、绝缘钳和必要的仪表，戴绝缘手套，穿绝缘靴等，并设专人监护。

4. 提高电气设备使用安全性

（1）加强绝缘。良好的绝缘是保证电气设备和线路安全运行的必要条件，是防止电气事故的重要措施。

（2）采用屏护装置。采用遮拦、护罩、护盖、箱闸等把带电体同外界隔离开来，金属材料的屏护装置，应妥善接地或接零。

（3）保持安全间距。为防止人体触及或接近带电体，在带电体与地面之间、带电体与其他设备之间，应保持一定的安全间距。

（4）自动断电保护。在带电线路或设备上采取漏电保护、过流保护、过压或欠压保护、短路保护、接零保护等自动断电措施。

（5）安全电压。在不宜使用380／220伏电压的场所，应使用12～36伏的安全电压。

三、触电急救

触电急救的要点是动作迅速、救护得法。发现有人触电，首先要使触电者尽快脱离电源，然后根据具体情况进行救治。

1. 帮助触电者脱离电源

第一，断开电源。人触电后，可能由于痉挛或失去知觉等原因而紧抓带电体，不能自行脱离电源。因此，发现有人触电，要尽快帮助触电者脱离电源。

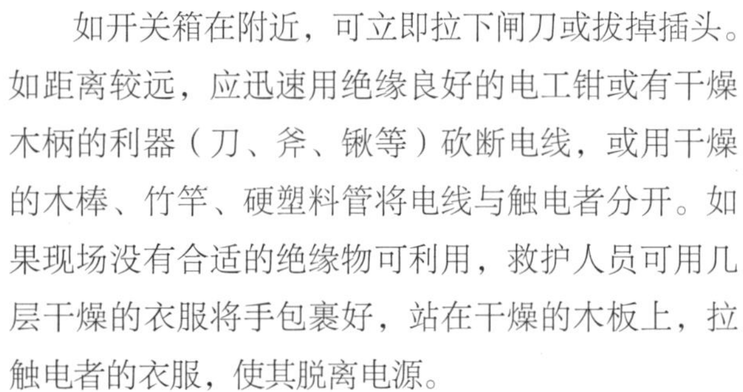

如开关箱在附近，可立即拉下闸刀或拔掉插头。如距离较远，应迅速用绝缘良好的电工钳或有干燥木柄的利器（刀、斧、锹等）砍断电线，或用干燥的木棒、竹竿、硬塑料管将电线与触电者分开。如果现场没有合适的绝缘物可利用，救护人员可用几层干燥的衣服将手包裹好，站在干燥的木板上，拉触电者的衣服，使其脱离电源。

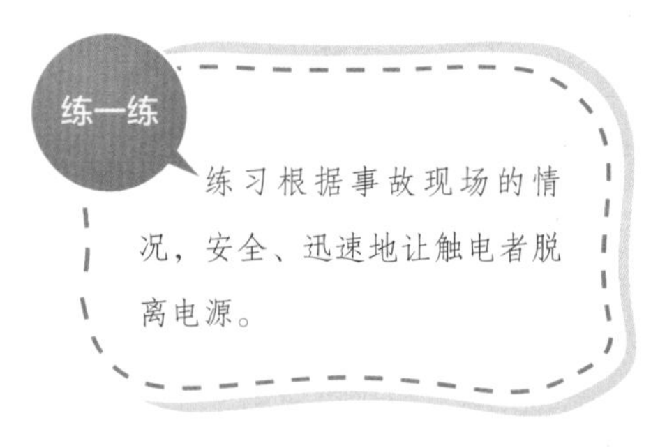

注意：救护人员不可直接用手或其他金属或潮湿的物体作为救护工具，最好用一只手操作，以防自己触电。对高压触电的情况，应迅速拉下开关，立即通知有关部门停电，或由有经验的人采取特殊措施切断电源。

第二，防止摔伤。触电者脱离电源后可能摔伤，特别是触电者在高处时，应注意做好防摔措施。即使触电者在平地，也要注意触电者倒下的方向，注意防摔。

链接 如何拨打120?

沉着冷静，说话清晰，语言简练，确保接线员听清。

（1）简要说明受伤原因和伤情，若是群体伤应说出受伤人数和情况。例如，“三人触电，一人心跳停止。”

（2）详细说明地址，说明事故现场的显著标志物。

（3）告知联系方式，即手机、座机号，必须留下能够与事故现场联络的方式。若只有座机，应守在电话旁，并避免占线，随时接听医护人员的问路咨询或医疗指导。

（4）不要先挂断电话，要让120先挂线，以便回答调度员的提问，保证对方已经完整了解施救所需要的信息，并接受调度员初步急救处理的指导。

打完120干什么?

保持冷静，为急救人员到来做好准备。

（1）求救人应在伤者身边陪护等待。救护车出车前，急诊医生一般都会打电话联系求救人，确认伤者病情和事发地点等情况，而且可能会指导现场自救。

（2）设法让救护车尽快到达现场。派人等候在路口、大门口、显著标志物前，接应救护车并为急救人员指路；搬开影响救护车到达现场的障碍物，夜间还要解决照明问题。

（3）迅速将伤员移离危险环境。但如果不是危险环境，不要轻易移动受伤者，因为轻易搬动颈部、腰部的受伤者，可能会导致永久损伤或瘫痪。如果伤者的口、鼻腔中有异物，应及时清除，如伤者衣服被毒物污染，应及时脱去，并用清水冲洗皮肤、眼睛。

最好在打120急救电话的同时，对伤者进行现场急救。如果只能两者择其一，对电击、溺水、急性上呼吸道异物阻塞等情况，要先进行心肺复苏抢救，再拨打120；对非创伤性心脏、呼吸骤停或伤者失去知觉的，要先拨打120再进行现场急救。

2. 进行触电救护

当触电者脱离电源后，应立即打120急救电话，并根据触电者的具体情况，迅速对症救护。

（1）伤势不重。如果触电者伤势不重、神志清醒，只是有些心慌、四肢发麻、全身无力；或者触电者在触电过程中曾一度昏迷，但已经清醒过来，要有专人照顾、观察。对轻度昏迷或呼吸微弱者，可掐其人中、十宣、涌泉等穴位。

（2）伤势较重。如果触电者伤势较重，已失去知觉，但还有心跳和呼吸，应使触电者舒适、安静地平卧，保持周围空气流通，解开衣服以利呼吸，有条件的可以让触电者吸氧。如天气寒冷，要注意保温。

（3）伤势严重。如果触电者神志不清、昏迷不醒，要密切关注他们的呼吸情况。应时不时地呼唤触电者名字，通过观察胸部、腹部起伏状况等判断其是否还有呼吸。一旦出现呼吸骤停，或触电者呼吸困难、微弱，或发生痉挛，应马上对其进行心肺复苏抢救。

呼吸停止或心脏跳动停止，或二者都已停止，应立即施行心肺复苏抢救。对触电后无呼吸但心脏有跳动者，应立即采用人工呼吸；对有呼吸但心脏停止跳动者，则应立刻采用胸外心脏按压法进行抢救；如触电者心跳和呼吸都已停止，则必须同时采取人工呼吸和胸外心脏按压法进行抢救，有条件时直接让触电者吸氧更佳。

人工呼吸的方法是：压前额、抬下颏，保证气道畅通。一手捏住触电者鼻翼两侧，另一手食指与中指抬起伤员下颏，深吸一口气，对准触电者的口吹入，吹气停止后放松鼻孔，让伤员从鼻孔呼气。反复进行，每分钟14~16 次。

链 接 触电救护要迅速

触电后3分钟开始救治，90%有良好效果；触电后6分钟开始救治，10%有良好效果；而触电后12分钟开始救治，救活触电者的可能性极小。

触电者会出现神经麻痹、呼吸中断、心脏停止跳动、昏迷不醒的状态，应迅速而持久地抢救，有触电者经4小时或更长时间人工呼吸而得救的事例。

心肺复苏抢救不可轻易停止。在抢救过程中，如果发现触电者皮肤由紫变红，瞳孔由大变小，则说明抢救收到了效果；如果发现触电者稍有嘴唇开合、眼皮活动，或有吞咽动作，则应注意其是否有自主心脏跳动和自主呼吸。触电者能自主呼吸时，即可停止人工呼吸。如果人工呼吸停止后，触电者仍不能自主呼吸，则应立即再做人工呼吸。

胸外心脏按压法具体操作是：让伤者的头、胸部处于同一水平面，最好躺在坚硬的地面上。抢救者左手掌根部放在患者的胸骨中下部，右手掌重叠放在左手背上。手臂伸直，利用身体部分重量垂直下压胸腔3~5厘米，然后放松，放松时掌根不要离开伤者胸部。按压要平稳、有规则、不间断，不能冲击猛压。下压与放松的时间应大致相等，频率为每分钟80~100次。

在实施胸外心脏按压的同时，应交替进行口对口人工呼吸。如果是双人抢救，每吹气一次，挤压5次。如果是单人抢救，则应人工呼吸和胸外心脏按压交替进行，每次吹气2、3次，再挤压10~15次。吹气和挤压的速度都应比双人操作的速度快一些，以保证不降低抢救效果。

对于与触电同时发生的外伤，应分情况处理。对于不危及生命的轻度外伤，可放在触电急救之后处理；对于严重的外伤，应与心肺复苏同时进行；如伤口出血，应及时止血，为了防止伤口感染，最好进行包扎。

拓展：

静电事故防护

在石油、化工、纺织、印刷、军需、兵器和电子等许多工业部门，生产过程中因静电直接或间接引起的燃烧、爆炸等事故时有发生。

在需要防静电的工作场所或实训场地工作的人员，应采用全面的防静电保护。例如，穿防静电服和防静电鞋，配备防静电椅、防静电台垫等，使人体的静电电位保持在最低状态。此外，企业还可采用抑制法、疏导法、中和法等，减少放电现象。

训练项目3 用火安全和逃生

火灾是每个人职业活动以及日常生活中都有可能遇到的灾害。不论你现在学什么专业，将来从事什么职业，都应该具有防火和逃生的能力。

一、火灾的原因和种类

在社会生活中，火灾已成为威胁公共安全，危害人们生命财产的一种多发性灾害。

1. 火灾的原因

小资料：

火灾危害大，每月近两万起

据应急管理部消防救援局公布的数据，2018年全国共接报火灾23.7万起（不含森林、草原、军队、矿井地下部分及铁路、港航系统火灾，下同），死亡1 407人，伤798人，已统计直接财产损失36.75亿元。

2018年的火灾有以下特点：① 冬春季节火灾明显多于夏秋季节。1~5月和12月，天气寒冷，风干物燥，火灾风险较高，发生火灾14.3万起，死亡914人，伤465人，直接财产损失18.2亿元，分别占全年的60.2%、65%、58.3%和54%。② 近八成死亡人数集中于住宅。住宅共发生火灾10.7万起，死亡1 122人，虽然火灾起数只占总数的45.3%，但死亡人数占总数的79.7%。③ 农村火灾占较大比重。农村地区火灾防控基础薄弱，留守老人、儿童比例高，火灾发生概率大，共发生火灾11万起，死亡728人，伤338人，直接财产损失18.7亿元，火灾起数、死亡人数和损失比重高于城市。④ 电气火灾仍占较大比重。因违反电气安装使用规定引发的火灾起数占总数的34.6%，67起较大火灾中，37起为电气火灾；4起重大火灾中，3起为电气火灾。⑤ 老幼病残占死亡人数比重大。火灾死亡人中，未成年人、老年人合计占总数的55%。⑥ 夜间火灾数量占比小、但伤亡占比大。晚上10时至次日6时发生火灾起数占总数的21.3%，死亡人数却占总数的53.2%。

（1）电气设备使用、安装不当或故障。主要是电线老化、接触不良、绝缘破损、超负荷运行等。

（2）使用明火不当。因生产、生活需要使用明火，如燃气，使用不当，遇到可燃物没有及时扑灭而引起火灾。

（3）使用、运输、储存易燃易爆气体或液体操作不当。

（4）吸烟。烟头常是引起火灾的罪魁祸首。

（5）雷电、静电等。

你的坏习惯，让你终生难忘！

案例：
裸运电石引发大爆炸

司机小陈长途运送电石，装车时，刚生产出的电石还是高温红色的，未破碎便装编织袋过磅。当晚，小陈驾驶满载电石的大货车出发。天开始下雨，小陈用篷布盖车后冒雨行驶。晚上8点，小陈在未打招呼的情况下，将车开进一家汽修厂院内停放，后去休息了。雨越下越大，只听“轰”的一声巨响，装满电石的货车爆炸，造成停在院内的其他16辆汽车、汽修厂厂房和附近的居民楼严重损坏。

事故原因是封车雨篷漏水，裸运袋装的电石遇水发生化学反应，生成乙炔、酸化氢、磷化氢，释放出大量热量而发生爆炸。经调查；该运输公司和司机小陈均无运输化学危险品的资格，电石生产厂在没有达到电石安全状态的情况下裸装电石出库，生产和运输双方都未尽到安全防范义务。

2. 火灾的种类

按火灾发生的地点，火灾可分为森林火灾、建筑火灾、工业火灾、城市火灾等。森林火灾是指在森林和草原发生的火灾，包括地下火、地表火、树冠火等形式，具有大面积、开放性等特点；建筑火灾是建筑物内发生的火灾，往往在受限空间中蔓延，具有多种发展方式和过火行为；工业火灾是工业场所尤其是油类生产、加工和贮存场所发生的火灾，这类火灾往往蔓延迅速，火势大；城市火灾是城市中发生的火灾，由于城市中建筑和植被邻接、混杂在一起，因此城市既有建筑火灾的特点，又有森林火灾的特点。

按照可燃物形态分，火灾可以分为普通固体火灾、液体和可熔化的固体火灾、气体火灾和金属火灾。普通固体火灾，如木材、棉、毛、麻、纸张等引起的火灾。液体火灾和可熔化的固体火灾，如汽油、煤油、原油、甲醇、乙醇、沥青、石蜡等引起的火灾。气体火灾，如煤气、天然气、甲烷、乙烷、丙烷、氢气等引起的火灾。金属火灾，指钾、钠、镁、钛、锆、锂、铝镁合金等引起的火灾。

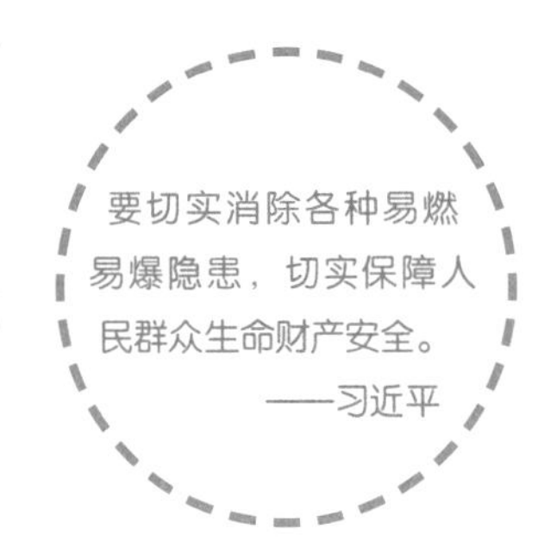

二、防火和救火

1. 养成防火的习惯：班后防火“五不走”

无论在什么工种的岗位实训或就业，都应该做到班后防火“五不走”：

（1）交接班不交代清楚不走；

（2）用火设备火源不熄灭不走；

（3）用电设备不拉闸不断电不走；

（4）可燃物不清理干净不走；

（5）发现隐患不报告、不消除不走。

2. 电气火灾的原因和预防

电气火灾在火灾、爆炸事故中占有很大的比例。如线路、电动机、开关等电气设备都可能引起火灾。变压器等带油电气设备除了可能发生火灾，还有爆炸的危险。

（1）电气火灾的原因

——过热。电气设备的绝缘老化、磨损、击穿和接线操作错误引起短路，设计时选用线路、设备不合理或连续使用时间过长，变压器、电动机等设备的铁心绝缘损坏或承受长时间过电压，散热或通风设施受到破坏，以及电气连接部位接触不良等，都会造成电气过热而引起火灾。

接触部分是发生过热的一个重点部位，不可拆卸的接头连接不牢、焊接不良或接头处混有杂质，可拆卸的接头连接不紧密或由于震动变松，闸刀、插头、灯泡与灯座等的连接处松动，以及铜、铝接头处腐蚀或裸线当插头等，都会导致接触部分过热。

——电火花和电弧。电火花和电弧不仅能引起可燃物燃烧，还能使金属熔化、飞溅，构成危险的火源。在有爆炸危险的场所，电火花和电弧更是引起火灾和爆炸的一个十分危险的因素。

除此之外，因碰撞引起的机械性质的火花、灯泡破碎时的灯丝，也会引发火灾。

（2）电气火灾的预防

—— 合理选用电气设备和导线，不要超负荷运行，电气设备的金属外壳应可靠接地或接零；

—— 安装开关、熔断器或架线时，应避开易燃物，与易燃物保持必要的防火间距；

—— 保持电气设备正常运行，特别注意线路或设备连接处的接触是否保持正常状态，避免因连接不牢或接触不良造成设备过热；

—— 加强对设备的运行管理，要定期清扫电气设备，保持设备清洁，定期检修、试验，防止绝缘损坏等造成短路；

—— 要保证电气设备的周围通风良好，散热快。

3. 燃气火灾的预防

餐饮、玻璃业等多种行业的职业活动使用明火，需要燃气设施，使用不当也会引起火灾。

燃气设施的安全使用要注意以下五方面：

第一，橡胶管与灶前阀门、橡胶管与燃气器具进气口连接处，必须安装牢固，防止脱落，确保严密无漏；

第二，灶前胶管应远离灶面，以防被炉火烧着，发生火灾；

第三，不许私自拆装燃气设施，燃气器具的安装、维修，应由具有相应资质的人员承担；

第四，发现隐患及时向主管人员报告；

第五，在燃气设施保护范围内，严禁堆放物料和倾倒、排放腐蚀性液体，不许挖沟、挖坑、打桩。

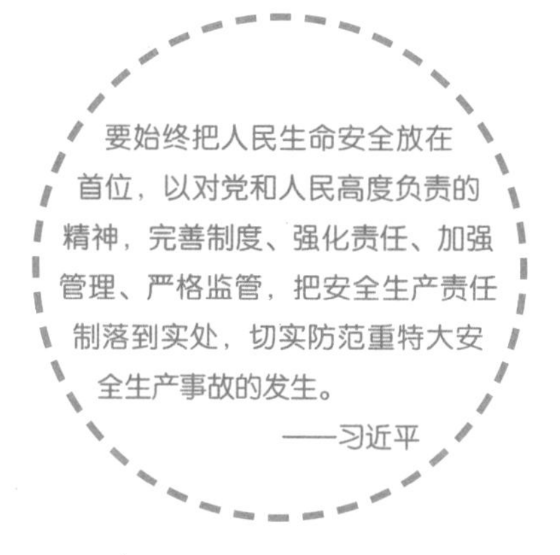

4. 火灾的扑救

（1）灭火的四类方法。灭火的基本原则就是破坏燃烧所必须同时具备的条件，即有“可燃物、助燃物和着火温度”，至少阻断其中一条即可奏效。灭火常用以下四种方法：

—— 冷却灭火法。冷却灭火法是将灭火剂直接喷射到燃烧的物体上，以降低燃烧的温度于燃点之下，使燃烧停止，或者将灭火剂喷洒在火源附近的物质上，使其

不因火焰热辐射作用而形成新的火点。常用水和二氧化碳作灭火剂冷却降温灭火，是一种物理灭火方法。

—— 隔离灭火法。隔离灭火法是将正在燃烧的物质与周围未燃烧的可燃物质隔离，中断可燃物质的供给，使燃烧因缺少可燃物而停止。具体方法有：搬走火源附近的可燃、易燃、易爆和助燃物；阻拦流散的易燃、可燃液体；拆除与火源相毗连的易燃建筑物，形成防火的空间地带。

—— 窒息灭火法。窒息灭火法是阻止空气流入燃烧区，用不燃烧区隔离或用不燃物质隔绝空气，使燃烧物得不到足够的氧气而熄灭的灭火方法。具体方法是：用沙土、水泥、湿麻袋、湿棉被等不燃或难燃物质覆盖燃烧物；喷洒雾状水、干粉、泡沫等灭火剂覆盖燃烧物；用水蒸气或氮气、二氧化碳等惰性气体灌注发生火灾的容器、设备；密闭起火建筑、设备和孔洞；把不燃的气体或不燃液体（如二氧化碳、氮气、四氯化碳等）喷洒到燃烧物区域内或燃烧物上。

—— 化学抑制灭火法。化学抑制灭火法是使灭火剂与燃烧物产生的中间体发生化学反应，中断燃烧。干粉灭火剂、卤代烷灭火剂就是通过化学反应灭火的。

（2）电气火灾的扑救。电气火灾不同于一般火灾，电气设备着火后可能仍然带电，有触电危险，变压器等充油电气设备受热后可能会喷油，甚至爆炸。所以，扑救电气火灾必须根据现场火灾情况，应尽量断电灭火。

如果无法及时切断电源，需要带电灭火时，要注意以下几点：

—— 应选用不导电的灭火器材，如干粉、二氧化碳、1211灭火器，不得使用泡沫灭火器带电灭火。

—— 扑救人员应戴绝缘手套，要保持人、消防器材与带电体之间足够的安全距离。

—— 对架空线路等空中设备进行灭火时，人应站在线路外侧，防止电线断落后伤及人体。如带电体已掉落地面，应划出一定警戒区，以防跨步电压触电伤人。

充油设备着火时，应立即切断电源。如外部局部着火时，可用二氧化碳、1211灭火器、干粉等灭火器材灭火。如设备内部着火，且火势较大，切断电源后可用水灭火，有事故贮油池的应设法将油引入池中，再行扑救。

（3）燃气火灾的扑救。燃气泄漏后分五步应急：切断气源、勿动电器、疏散人员、打开门窗、电话报警。

拨打“119”火警电话，和打“120”急救电话一样，一定要讲清楚单位全称、地理位置、燃烧物质，随后派人到主要路口接应消防车的到来。火警电话“119”很好记，它的谐音是“要要救”。

注意：应在没有燃气泄漏的地方用手机打电话报警，否则会引起爆炸。

拓展：

有些火灾不能用水扑救

水不能扑救的火灾有六类：

（1）碱金属着火不能用水扑救，因为水与碱金属（如金属钾、钠）作用后，能使水分解而生成氢气和放出大量热，容易引起爆炸；

（2）碳化碱金属、氰化碱金属着火不能用水扑救，如碳化钾、碳化钠、碳化铝、碳化钙以及氰化钾、氯化镁遇水会发生化学反应，放出大量热，从而引起着火和爆炸；

（3）轻溶于水的和不溶于水的易燃液体着火，原则上不可用水扑救；

（4）熔化的铁水、钢水着火不能用水扑救，因铁水、钢水温度约1600℃，水蒸气在1000℃以上时能分解出氢和氧，有引起爆炸的危险；

（5）三酸（硫酸、硝酸、盐酸）着火不能用强大水流扑救，必要时，只能用喷雾水流扑救；

（6）高压电气装置火灾，在没有良好接地设备或没有切断电源的情况下，一般不能用水扑救。

加油站火灾不能直接用水熄灭

三、火灾逃生

火灾逃生五忌：沿原路逃生，向光亮处逃生，盲目跟着别人逃生，从高往低处逃生，冒险跳楼逃生。

1. 熟悉环境，留意路线

要熟悉自己的工作环境，记住安全出口和灭火器位置，以便发生意外时及时疏散和灭火。在走进商场、宾馆、饭店等公共场所时，也要了解建筑物内的太平门、安全出口的位置。

2. 及时报警，扑灭小火

应尽快拨打“119”火警电话呼救，如火势尚未对人造成很大威胁，应充分利用消防器材将小火控制、扑灭。

3. 迅速判断，尽快撤离

要迅速判断危险地点和安全地点，决定逃生的路线及办法，尽快撤离险地。火势不大时要当机立断，迅速披上浸湿的衣服或裹上湿毛毯、湿被褥勇敢地冲出去，不要盲目地跟随人流乱冲乱窜。

4. 勿恋财物，生命第一

火势10分钟就能进入猛烈阶段，所以遇火灾时，必须迅速疏散，生命第一，不要在逃离火场后，为抢救财物重返火场。

5. 躲开烟火，及时求救

找不到逃离火海的合适路线时，要尽量待在阳台、窗口等易于被人发现或能避免烟火近身的地方，及时发出求救信号。在将要失去知觉前，努力移到墙边，这样有利于尽早得救，因为消防人员进入室内都是沿着墙壁摸索前进的。

6. 扒地探路，捂严口鼻

浓烟滚滚、视线不清时，应迅速趴在地上或蹲着。靠地面的烟小些，便于寻找逃生路。为避免烟雾窒息，要用湿毛巾或餐巾布、口罩、衣服等将口鼻捂严。

7. 善用通道，禁用电梯

发现火灾后，为了阻止大火沿电线蔓延，会拉闸停电，或电线被大火烧断，乘电梯逃生十分危险。应尽量选择从通道疏散，也可考虑利用窗户、阳台、屋顶、避雷线、落水管等脱险。

8. 暂退房内，关门隔火

如果逃生路都已切断，应退到房内，关闭通向火区的门窗。可向门窗浇水，把房内一切可燃物淋湿，以减缓火势蔓延。主动与外界联系，以便尽早获救。不要为躲避烟火，往阁楼、床底、橱柜内钻。

9. 火已烧身，就地翻滚

火烧身时，不可惊慌乱跑、乱打，因为奔跑和拍打时会形成风，加大火势。要尽快脱掉衣服，就地翻滚，压灭火苗；若能及时跳进水中或往身上浇水、喷灭火剂，效果更好。

10. 跳楼危险，讲究方法

跳楼求生的风险极大，尤其楼层高时更不能跳。楼层低时，应先向楼下抛掷棉被或床垫，然后双手抓住窗沿，身体下垂，双脚落地跳下，减少受伤的可能性。可利用绳子、床单等，将一端系在能负重的物体上，另一端从窗口下垂，沿绳子、床单等下滑。

训练项目4 交通安全和自救

随着城镇化的迅速推进，汽车产业的大力发展，交通问题越来越突出，中职生应该重视交通安全问题，养成遵守交通规则的习惯。

小资料：

交通事故引起的死亡最多

出行离不开道路、铁路、民航和水上交通。交通事故是我国各类伤亡事故中死亡人数最多的事故，而道路交通事故造成的伤亡，又名列各种交通事故之首。我国道路安全形势逐年好转，道路交通安全事故总量和死亡人数持续大幅下降。例如，中国道路交通事故总量从2003年的66.8万起下降到了2012年的20.4万起，死亡人数也从2003年的10.4万人下降到了2012年的6万人。

随着我国经济发展，截止到2018年年底，汽车保有量已达到2.4亿辆，驾驶人数量达到4.09亿，道路通车里程达到486万公里。我国大力加强道路交通事故预防工作，突出风险防控，开展专项行动严查严处重点违法行为，确保了全国道路交通安全形势总体平稳。全国道路交通事故2018年死亡人数比2017年减少578人，下降0.9%，但全年仍有数以万计的人死于车轮之下，涉及学生的交通伤亡事故2万余起，造成2 200多人死亡，给家庭、社会造成无法弥补的伤痛。

一、行走和骑车安全

1. 行走安全

（1）行走时的安全要领。三五成群并排走在非人行道上，路上车少人稀而思想麻痹，行走时一心两用，都很容易发生危险。

为此，应养成下列习惯：

① 有人行道的道路，要走人行道；没有人行道的道路，要靠路边行走。

② 集体外出时，应该有组织、有秩序地列队行走；结伴外出时，不要在路上相互追逐、打闹。

③ 没有交通民警指挥的路段，要主动避让机动车辆，不与机动车辆争道抢行。

④ 在雾、雨、雪天，应穿着色彩鲜艳的服装，以便让机动车司机尽早注意到。

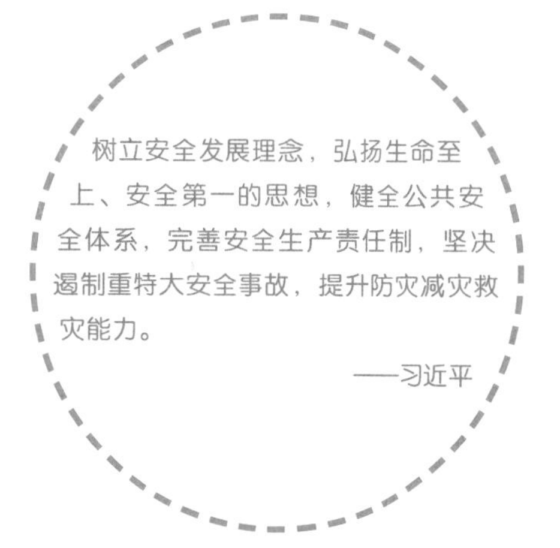

（2）穿越马路的安全要领。穿越马路，要听从交通民警的指挥；要遵守交通规则，做到“绿灯行，红灯停”。

穿越马路，要走人行横道线；在有过街天桥和过街地道的路段，应自觉走过街天桥和过街地道。

穿越马路，要走直线，不可迂回穿行；在没有人行横道的路段，应先看左边，再看右边，在确认没有机动车通过时才可以穿越马路。

不要翻越道路中央的安全护栏和隔离墩。

不要突然横穿马路，即便是马路对面有熟人、朋友呼唤，或者要乘坐的公共汽车已经进站，也千万不能贸然行事，以免发生意外。

（3）过铁路道口的安全要领。通过有人看守的铁路道口时，要听从管理人员的指挥。遇到道口栏杆（栏门）关闭，红灯亮时，表示有列车即将通过，不可强行钻越栏杆通过道口。

通过无信号灯也无人看守的铁路道口时，必须停下来仔细观察，在确认没有列车开来时再通过。如果发现有列车开来，要退到道口5米以外等候，等列车通过后再通过道口。

此外，不可沿着铁路线行走，不可在铁路线和道口玩耍、逗留。不可钻车、扒车、跳车。不可攀爬电气化铁路上的接触网支柱、铁塔等设备。

2. 骑车安全

要经常检修自行车，保证车闸、车铃正常、灵敏，保持车况完好。

骑车要在非机动车道上靠右边行驶，不逆行；转弯时不抢行猛拐，要提前减慢速度，看清四周情况，以明确的手势示意后再转弯。

经过交叉路口，要减速慢行、注意来往的行人、车辆；不闯红灯，遇到红灯要停车等候，待绿灯亮后再继续前行。

骑车时不双手撒把，不多人并骑，不互相攀扶，不追逐打闹，不攀扶机动车辆，不载过重的东西，不骑车带人，不在骑车时戴耳机。

如果被撞后机动车逃跑，要记住肇事车的颜色、大小、型号、车牌号等特征，并迅速报警。

二、乘车和乘船安全

1. 乘汽车安全

乘坐公共汽（电）车，要排队候车，按先后顺序上车，不要拥挤。应等车停稳以后再上下车，先下后上，不要争抢。

不把汽油、爆竹等易燃易爆的危险品带入车内。

乘车时不要把头、手、胳膊伸出车窗，以免被对面来车或路边树木等刮伤；也不要向车窗外乱扔杂物，以免伤及他人。

乘车时要坐稳扶好，没有座位时，要双脚适当分开，侧向站立，握紧扶手，以免车辆紧急刹车时摔倒受伤。

乘坐汽车时，应系好安全带。

尽量避免乘坐卡车、拖拉机，必须乘坐时，千万不要站立在后车厢里或坐在车厢栏板上。

不在机动车道上拦出租车。

2. 乘火车的安全

按照规定时间进站候车，以免误车。在站台上候车，要站在站台一侧安全线以内，以免被列车卷下站台，发生危险。

普通列车的窗户能开启，不要把头、手、胳膊伸出车窗，以免被沿线的信号设备等剐伤。

不要在车门和车厢连接处逗留，避免发生夹伤、扭伤、卡伤等事故。

不带易燃易爆的危险品（如汽油、鞭炮等）上车。

不向车窗外扔废弃物，以免砸伤铁路边行人和铁路工人，同时也避免造成环境污染。

保管好自己的行李物品，注意防范盗窃分子。

3. 乘船安全

不乘坐没有安全合格证书的船，不乘坐超载船。大风、浓雾等天气恶劣时不乘船。

上、下船要排队，不拥挤、争抢，防止挤伤、落水事故。

不在船头、甲板打闹、追逐。不拥挤在船的一侧，以防船体倾斜。

不乱动船上设备。夜间航行时，不用手机、手电筒向水面、岸边乱照，以免引起驾驶员错觉。

三、交通事故自救

交通行业从业人员在发生交通事故时，应掌握组织乘客逃生的本领，其他行业的从业者作为乘客也要学会自救。

1. 公共汽车事故逃生

汽车发动机着火时，驾驶员应开启车门，让乘客从车门有序下车。然后，用随车灭火器扑灭火焰，重点保护驾驶室和油箱部位。

如果火焰虽小但封住了车门，乘客可用衣物蒙住头部，从车门冲下。如果线路被火烧坏，车门开启不了，乘客应就近砸开车窗翻下车。

在长途公共汽车翻车时，如果车辆侧翻在路沟、山崖边上，驾驶员、乘务员应判断车辆是否还会继续往下翻滚。不能判明车辆是否已稳住时，应维持车内秩序，让靠近悬崖一侧的乘客先下，从外到里依次离开车厢，避免因靠近悬崖一侧的重量超过另一侧，使汽车发生新的翻滚而坠落。

如果车辆已向深沟翻滚，驾驶员、乘务员要大声组织乘客趴在座椅上，抓住车内的固定物，让身体夹在坐椅中，稳住身体，随车体旋转，避免身体在车内滚动而受到更严重的伤害。

2. 旅客列车火灾逃生

旅客列车发生火灾，易形成一条火龙，前后迅速蔓延，并产生有毒气体。

（1）运行中的旅客列车，当车厢内的火势不大时，列车乘务人员应立即告诉乘客不要开启车厢门窗，以免大量新鲜空气进入后，加速火势的扩大蔓延。

（2）运行中的旅客列车，火势较大时，列车乘务人员应在引导被困人员通过各车厢互连通道逃离火场的同时，迅速扳下紧急制动闸，使列车停下来，并组织人力迅速将车门和车窗全部打开，帮助车厢内的被困人员向外疏散。被困人员可用坚硬的物品将玻璃窗砸碎，破窗逃生。

（3）旅客列车在行驶途中或停车时发生火灾，威胁相邻车厢时，应采取摘钩的方法分离未起火的车厢。具体方法为：前部或中部车厢起火时，先停车摘掉起火车厢与后面未起火车厢之间的连接挂钩，由机车牵引向前行驶一段距离后再停下，接着摘掉起火车厢与前面车厢之间的挂钩，再将其牵引到安全地带；尾部车厢起火时，停车后先将起火车厢与未起火车厢之间连接的挂钩摘掉，然后用机车将未起火的车厢牵引到安全地带。采用摘挂钩的方法分离车厢时，应选择在平坦的路段进行。对可能溜车的路段，可用硬物塞垫车轮，防止溜车。

3. 地铁事故逃生

如果发现车厢内有烧焦的异味、烟雾等异常情况，应立即按响车厢内紧急报警装置，通知司机停车检查，紧急报警装置通常安装在一节车厢两端侧壁的上方。车厢内起火时应迅速报警，直接拨打119、110、120电话，也可以按报警按钮。

火灾初期，如果发现火势并不大，且尚未对人造成很大的威胁时，可用车厢内的消防器材，迅速将小火控制、扑灭。

火势较大时，司机应尽快打开车门疏散人员，若车门开启不了，乘客可利用身边的尖锐物品破门。地铁提供动力的接触轨携带750伏的高压电，接触轨靠近站台一侧，会造成触电伤亡。通过隧道撤离时，切忌慌乱，要远离铁轨，防止触电。

当乘客在地铁里遭遇照明系统停电时，首先应保持冷静，切勿惊慌，因为在停电后地铁的应急照明系统会立即启动，在等待工作人员进行广播解释和疏散前，应原地等候，不要随便走动。如果地铁在隧道中运行时遭遇动力电源停电时，乘客千万不可扒门、拉门，自作主张离开车厢进入隧道，应耐心等待救援人员到来。需要疏散乘客时，救援人员将打开无接触轨一侧的车门，并悬挂临时梯子，乘客应该按照救援人员的指挥顺序下到隧道中，并向指定的车站或方向疏散。

此外，车厢两头和车门处是撞车事故发生时容易受损的部位。乘地铁时，应尽量靠近车厢的中部。地铁两边车门因停站需要，有时会经常变换开启方向，所以不能倚靠在车门上，以免出现意外。在站台上等候乘车时，一定要站在黄色安全线以内，防止意外坠落。

4. 航空事故逃生

（1）登机后，熟悉机上安全出口，听、阅航空安全知识，有不清楚的地方要及时请教乘务人员。飞机起飞、着陆和飞行途中应按要求系好安全带。

（2）遇空中减压时，应立即戴上氧气面罩。

（3）飞机因故紧急着陆和迫降时，应保持正确的姿势：弯腰，双手在膝盖下握住，头放在膝盖上，两脚前伸紧贴地板。飞机因故紧急着陆和迫降后，在机上人员与设备基本完好的情况下，要听从工作人员指挥，迅速有序地由紧急出口滑落地面。若飞机在海洋上空失事，要立即穿上救生衣。在飞机撞地轰响瞬间，要快速解开安全带，朝着外面有亮光的裂口全力奔跑。

（4）飞机失事前的预兆有：机身颠簸；飞机急剧下降；机舱内出现烟雾；机身外出现黑烟；发动机关闭，飞机轰鸣声消失；飞行时发出巨响；舱内尘土飞扬；等等。舱内出现烟雾时，一定要听乘务人员指挥，把头弯到尽可能低的位置，屏住呼吸，用饮料浇湿毛巾或手帕捂住口、鼻后再呼吸，弯腰或爬行到出口处。

5. 水运事故逃生

（1）跳水前尽可能发出遇险求救信号。我国已设置了全国统一的水上遇险求救电话“12395”（谐音“一二三救我”）。船舶在海上一旦遇难，可立即拨打此号码求救，不需加区号。跳水逃生前要穿厚实保温的服装，系好衣领、袖口等处，以更好地防寒。如有可能，穿上救生衣。跳水前应向水面抛投漂浮物，如空木箱、木板、大块泡沫塑料等，跳水后用作漂浮工具。

（2）不要从5米以上的高度直接跳入水中，尽可能利用绳梯、绳索、消防皮龙等滑入水里。跳水时，两肘夹紧身体两侧，一手捂鼻，一手向下拉紧救生衣，深呼吸，闭口，两腿伸直，直立式跳入水中。

（3）跳水后要尽快游离遇难船只，防止被沉船卷入漩涡。如发现四周有油火，应该脱掉救生衣，潜水向上风处游去。到水面上换气时，要用双手将头顶上的油和火拨开后再抬头呼吸。

（4）入水后不要脱掉厚衣服，要尽可能集中在漂浮物附近并以最小的运动幅度使身体漂浮。出现获救机会前尽量少游泳，以减少体力和身体热量的消耗。两人以上跳水逃生，应尽可能拥抱在一起，这样一方面可以减少热量散失，同时也便于互相鼓励；另一方面还可增大目标，便于搜救者发现。跳水后如没有救生衣，会游泳者可采取仰泳姿势，仰卧水面手脚轻划，以维持较长时间漂浮，耐心等待营救。当有救助船只或过路船只接近时，应利用救生哨等求救，设法引起对方注意，争取尽早获救。

船上的工作人员应比一般乘客掌握更多的逃生知识，只有这样，才能在保护自己的同时，为乘客提供更多生的机会。不同部位、不同情况下人员的逃生方法有区别：

当客船在航行中机舱起火时，机舱人员可利用尾舱通向上甲板的出入孔逃生。船上工作人员应引导船上乘客向客船的前部、尾部和露天甲板疏散，必要时可利用救生绳、救生梯向水中或救援船只上逃生，也可穿上救生衣跳进水中逃生。

如果火势蔓延，封住了走道，来不及逃生者可关闭舱门，不让烟气、火焰侵入。情况紧急时，设法砸碎舷窗玻璃，破窗跳水逃生。

当客船前部某一楼层着火，还未蔓延到机舱时，应采取紧急靠岸或自行搁浅措施，让船体处于相对稳定的状态。被火围困人员应迅速往主甲板、露天甲板疏散，然后，借助救生器材向水中、救援船只上及岸上逃生。

当客船上某一客舱着火时，舱内人员在逃出后应随手将舱门关上，以防火势蔓延，并提醒相邻客舱内的旅客赶快疏散。若火势已窜出房间封住了内走廊，相邻房间的旅客应关闭靠内走廊房门，从通向左右船舷的舱门逃生。

当船上大火将直通露天甲板的梯道封锁，着火层以上的人员无法向下疏散时，被困人员可以逃往顶层，然后向下施放绳缆，沿绳缆向下逃生。

训练自测

一、你怎样理解下面的话

1. 安全是一种文化，安全是一种行为，安全是一种习惯。

2. 近代英国教育家洛克在其《教育漫话》中说："儿童不是用规则教育就可以教育好的，规则总是被他们忘掉。你觉得他们有什么必须做的事，你便应该利用一切时机，给他们一种不可缺少的练习，使它们在他们身上固定起来。这就使儿童养成一种习惯，这种习惯一旦养成以后，便不用借助记忆，很容易地、很自然地发生作用了。"

3. 我国教育家陈鹤琴先生说："习惯养得好，终生受其益，习惯养不好，终生受其累。"

4. 著名教育家叶圣陶认为："我们在学校里受教育，目的在养成习惯，增强能力。我们离开了学校，仍然要从多方面受教育，并且要自我教育，其目的还是在养成习惯，增强能力。习惯越自然越好，能力越增强越好。"

5. 英国唯物主义哲学家、现代实验科学的始祖、科学归纳法的奠基人培根，一生成就斐然。他在谈到习惯时深有感触地说："习惯真是一种顽强而巨大的力量，它可以主宰人的一生，因此，人从幼年起就应该通过教育培养一种良好的习惯。"

6. 被誉为"俄罗斯教育心理学的奠基人"的乌申斯基，对习惯有句非常精彩的描述："习惯是我们存放在神经系统中的道德资本，你有了好的习惯，一辈子就享受不尽它的利息，你有了坏的习惯，一辈子就偿还不尽它的债务，坏习惯能以它不断增长的债务让你最好的计划破产。"

二、阅读并朗诵

一位安全员的话：安全为了谁？

无危则安，无损则全。当你走出家门时，你的家人会叮咛您注意安全。在你工作中，他们会祝福你平安。当你下班平安地回到家中，他们的心情是多么的愉快，脸上绽放微笑，因为你的健康是家庭幸福的保障。

在工作现场检查时，我们发现有个别职工操作行为不规范，明知道是错误的，却一边违章作业，一边瞄着安全管理人员或单位领导，怕受到经济处罚。你想过吗？您的违章，不仅会给自己造成伤害，而且也可能给他人造成伤害。你的正确操作，带来的是自己的安全、大家的安全。你应该为你的违章行为感到自责和愧疚。

我们应该静下心来反思一下，自己做得怎样？有没有违章现象？我们要从自己平安健康、家庭美满幸福的愿望出发，一丝不苟地按安全操作规程和安全管理制度去做。生命是可贵的，也是脆弱的，生命对我们每个人都只有一次，它经不起一点点疏忽，更承受不了一丝侥幸。每个人都有亲人、同事、朋友，幸福不是独立的，痛苦也不是独立的。

安全为了谁？安全为了国家和人民，因为那份使命；安全为了企业，因为那份责任；安全为了他人，因为那份关爱；安全为了自己，因为那份价值；安全为了亲人，因为那份承诺。

安全是绿色的，让安全之树常青，根深叶茂，呵护那些热爱生活的人们。让我们扬起风帆，伴着希望，伴着阳光，平安度过每一天。

三、积极参加“三十天养成一个好习惯”演讲比赛

四、自查、互查学生宿舍中违反安全用电规定的现象

五、学会并练习心肺复苏抢救

六、训练自己过马路的良好习惯

七、认一认

1. 以下标志中，有哪些你见过？

2. 以下标志中，哪些与你的日常生活有关？它们属于哪类安全色标？哪些你能基本做到？哪些已经成为习惯？

3. 以下标志中，哪些与你即将从事的职业直接有关？它们属于哪类安全色标？你能按色标的含义做到绝对遵守吗？

禁 止 饮 用

禁止穿带钉鞋

化纤
禁止穿化纤衣服

禁止戴手套

当心电离辐射

瓦斯
当 心 瓦 斯

当 心 塌 方

当 心 弧 光

当心冒顶

当心绊倒

当心滑跌

当心车辆

禁止通行

禁止跳下

禁止停留

禁止入内

禁止乘人

禁止抛物

避险处

可动火区

慢
车辆慢行

中间封闭
300m

右道封闭

必须戴防护眼镜

必须穿防护服
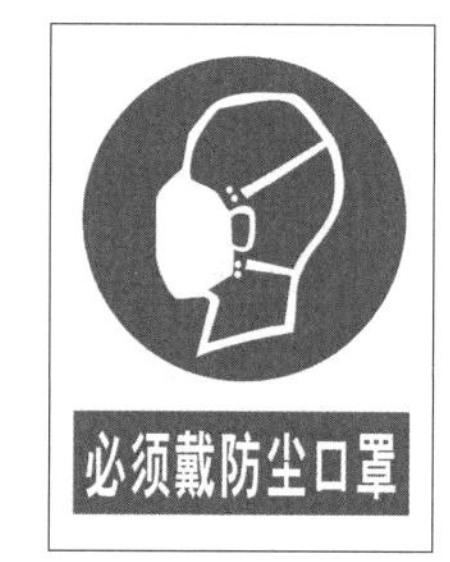
必须戴防尘口罩

必须戴护耳器

必须戴防护帽

必 须 加 锁

必须穿救生衣

必须系安全带

前方施工
300m

道路封闭
1km

向右改道

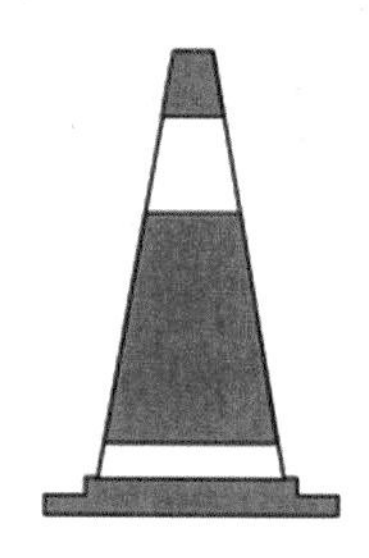

施工路栏

40

10 t

八、看图训练

九、找一找

红色、蓝色、绿色的对比色是白色，但有少数标志却把红、蓝两色放在一起，右图“禁止”即为一例。请在马路或其他地方找一找，还有没有其他特殊情况？

十、训练灭火器的使用方法

十一、想一想以下的各种操作属于哪类灭火方法

当燃气管道、用气设备发生爆炸或火灾时，迅速关闭总阀门，切断气源，断气灭火，设法关闭离事故现场最近的燃气管线上的阀门。例如，液化石油气钢瓶外着火，应迅速关闭其角阀，用湿麻袋、湿棉衣、湿手巾扑灭火焰；管道燃气着火，应立即关闭内燃气表前的阀门以切断气源。当阀门附近有火焰时，用湿麻袋、湿棉衣、湿手巾等包住双手，关闭阀门。

干粉灭火。当火势较大无法关闭阀门时，用干粉灭火器喷向火的根部，灭火后迅速关闭入户阀门；当阀门失灵时，应先用湿毛巾、肥皂、黄泥等将漏气处堵住，再将气瓶转移到室外；当室内充满烟雾，火势较大时，要边扑救周围火焰，边寻找钢瓶，将钢瓶的火扑灭，切断气源，同时用水冷却钢瓶，并将其转移到安全处。

如果着火时门窗紧闭，不应该急于打开门窗。因为门窗紧闭，空气不流通，室内供氧不足，火势发展缓慢。打开门窗，会让大量的新鲜空气涌入，火势就会迅速发展。

如果燃气着火时将其他物品（如门窗、衣服、家具）引燃，应该用水灭火。

十二、下左图的方法为什么能灭火？这个方法能用于厨房油锅着火的扑救吗？能用于电气失火的扑救吗？为什么？

十三、下右图的报警者有什么失误？

燃气罐着火，要用浸湿的被褥、衣物等捂盖灭火，并迅速关闭阀门。

第三单元 职业安全的行业特点

训练目标

结合自己所学专业和即将从事的职业，选择以下相关训练目标：

1. 通过对机械设备的危险、机械伤害基本类型的了解，明确防止机械事故的安全措施，初步学会外伤急救的简单方法。

2. 通过对危险化学品安全事故的了解，明确化工企业从业者的安全权利、义务，初步学会危险化学品事故的自我防护和现场急救方法。

3. 明确危险化学品厂内运输和厂外运输的安全要求，初步学会驾驶员对险情、事故现场的处理方法。

4. 明确手工搬运、起重作业、传送设备的安全要求。

5. 通过对仓储安全重点、库区安全管理的了解，明确对库区一线员工的安全要求。

6. 明确高空作业、拆除作业的安全要求。

7. 通过对几种禽畜疾病和农药使用过程中安全隐患的了解，明确饲养安全、农药使用安全的要求，初步学会禽流感预防和农药中毒现场急救的方法。

8. 通过对医护人员因身体暴露、医患纠纷引起安全隐患的了解，初步学会自我保护的方法。

训练项目1 机械安全

除触电、火灾和交通事故以外，机械安全是多数中职生就业后必须面对的问题。不仅多数第二产业的职业活动离不开机械，而且许多第一产业、第三产业的职业活动也离不开机械。

一、机械设备的危险

1. 传动装置的危险

机械传动一般分为齿轮传动、链传动和带传动。如果传动部分和突出的转动部分不符合要求，外露、无防护等，会把操作者的手、衣服绞入其中造成伤害。链传动与带传动中，链轮、带轮容易把工具或人的肢体卷入；当链或带断裂时，容易发生接头挂带人体、传动带飞起伤人的情况。传动过程中的摩擦和高带速等，也容易使传动带产生静电或静电火花，从而引起火灾和爆炸。

2. 压力机械的危险

压力机械常见的有冲床、剪床、弯边机、粉碎机、碾压机、压印机和模压机等。压力机械都具有施压部位，而施压部位是最危险的。由于这类设备多为手工操作，操作者容易产生疲劳和厌烦情绪，造成人为失误，如进料不准导致原料压飞、模具移位或手进入危险区等，极易发生人身伤害事故。

3. 机床的危险

机床是高速旋转的切削机械，危险性很大。

（1）旋转部分，如钻头，车床上旋转的工件、卡盘等，一旦与人的衣服、袖口、长发、手套及围在颈上的毛巾等缠绕在一起，就会发生人身伤亡事故；

（2）如果操作方法不当，用力过猛，使用工具规格不合适，均可能使操作者撞到机床上；

（3）操作者站的位置不对，可能会受到机械运动部件的撞击。例如，站在平面磨床或牛头刨床运动部件的运动范围内，就可能被平面磨床工作台或牛头刨床滑枕撞上。

（4）刀具伤人，如被高速旋转的铣刀削去手指甚至手臂。

（5）飞溅的赤热切屑、崩碎的刀屑划伤和烫伤人体，飞溅的磨料和切屑伤及眼睛。

（6）工作现场环境不好，例如照明不足、地面滑污、机床布置不合理、通道狭窄以及零件或半成品堆放不合理等，都可能造成操作者滑倒或跌倒受伤。

（7）机床冷却液对皮肤的侵蚀，机床噪声对人体的危害等。

二、机械伤害的基本类型

大部分的机械伤害表现为人员与可运动对象的接触伤害，各种形式的机械伤害往往互相交织在一起。

1. 卷统和绞缠

引起这类伤害的往往是做回转运动的机械部件（如轴及轴上零件，包括联轴器、主轴、丝杠等）；回转件上的凸出物和开口，例如轴上的凸出键、调整螺栓或销、轮盘类零件（链轮、齿轮、带轮）的轮辐、手轮上的手柄等，在运动情况下，将人的头发、饰物（如项链）、围巾、衣袖或下摆卷绕、绞缠，引起伤害。

2. 卷入和碾压

引起这类伤害的主要是有相对运动的零部件间。如相互啮合的齿轮之间以及齿轮与齿条之间，带与带轮、链与链轮进入啮合的部位，两个做相对回转运动的辊子之间的夹口等引发的卷入；轮子与轨道间、车轮与路面间等相对滚动引发的碾压。

3. 挤压、剪切和冲撞

引起这类伤害的是做往复直线运动的零部件，如相对运动的两部件之间、运动部件与静止部分之间由于安全距离不够产生的挤压、运动部件之间的冲撞等。直线运动有横向运动（例如，大型机床的移动工作台、牛头刨床的滑枕、带传动中的带及链传动中的链等部件的运动）和垂直运动（例如，剪切机的压料装置和刀片、压力机的滑块、大型机床的升降台等部件的运动）。

4. 碰撞和剐蹭

机械结构上的凸出、悬挂部分（例如起重机的支腿、吊杆，机床的手柄等），大工件伸出机床的部分等，无论它们是静止的还是运动的，都可能产生危险。

5. 物体坠落打击

高处的物体具有势能，当它们意外坠落时，势能转化为动能，对人、物造成伤害。例如，高处掉下的零件、工具或其他物体；悬挂物体的吊挂零件破坏或夹具夹持不牢引起的物体坠落；由于质量分布不均衡，重心不稳，在外力作用下发生倾翻、滚落，运动部件运行超行程脱轨等导致的伤害等。

6. 切割和擦伤

切削刀具的锋刃，零件表面的毛刺，工件或废屑的锋利飞边，机械设备的尖棱、利角和锐边，粗糙的表面（如砂轮、毛坯）等，无论它们的状态是运动的还是静止的，都有可能构成伤害。

7. 飞出物打击

由于发生断裂、松动、脱落或弹性位能等机械能释放，使失控的对象飞甩或反弹出去，对人、物造成伤害。例如：轴的破坏引起装配在其上的带轮、飞轮、齿轮或其他运动零部件坠落或飞出，螺栓的松动或脱落引起被它紧固的运动零部件脱落或飞出，高速运动的零件破裂甩出碎块，切屑的崩甩等。另外，弹性组件的位能引起的弹射，例如，弹簧、传动带等的断裂，在压力、真空下的液体或气体位能引起的高压流体喷射等。

8. 跌倒、坠落

由于地面堆物无序或地面凹凸不平导致的磕绊跌伤，接触面摩擦力过小（光滑、油污、冰雪等）造成的打滑、跌倒。如果由于跌倒引起二次伤害，后果将会更严重。从高处失足坠落、误踏入坑井坠落、电梯悬挂装置破坏、轿厢超速下行、撞击坑底等，都会对人造成伤害。

三、防止机械事故的安全措施

1. 按规定使用个人劳动防护用品

使用个人劳动保护用品时应注意：

（1）根据接触危险作业的类别和可能出现的伤害，按规定正确选配。该用的一定要坚持用，不该用的坚决不用；否则，不但没有保护作用，而且还可能造成不应有的危害。

（2）防护用品一定要符合保护功能和使用条件的技术指标。应注意有效使用期，及时检查报废，否则起不到应有的防护作用。

（3）个人防护用品既不是也不可取代安全防护装置，它不具有避免或减少危险的功能，只是当危险来临时起一定的防护作用，因此应与安全防护装置配合使用。

2. 保证职业环境的安全

保证通道畅行无阻，满足物料输送和人员走动的需要。应在有障碍物、悬挂突出物和机械可移动的范围内，设防护或加醒目警示标志。

工具应按规定摆放，原材料、成品、半成品应堆放整齐、平稳，防止坍塌或滑落。

及时清理废屑，保持地面平整，无油垢、水污，室外作业场地应有必要的防雨雪遮盖。

保证足够的作业照明度。

3. 严格按规程操作

操作者不按安全操作规程操作，是发生事故的重要因素，如工件或刀具没有夹持牢固就开动机床，在机床运转中调整或测量工件、清除切屑等。

安全生产事关人民福祉，事关经济社会发展大局。

——习近平

在操作时，必须严格遵守以下要求：

（1）机械设备运转时，禁止用手触摸齿轮、链条、刀轴（杆）等，清扫齿轮和链条要停车进行。

（2）移动传动带时，必须使用专用工具，禁止直接用手在传动带上涂油脂或蜡。这些操作一般应停车进行，或在传动带出口端进行。

（3）运转的机械在切断动力源后，尚有惯性，禁止用手或工具制动。

（4）需要打开或卸下安全防护罩时，应有危险警示标志，防止设备意外被开动。

（5）禁止伸手越过转动的机械或工件进行操作和调整。

（6）发现机械设备或开关按钮有故障时，应报告车间主管或专职人员，及时修理。

（7）钻床、车床、铣床、木工机床等操作者，禁止戴手套，工作服应穿整齐，留长发的要戴帽子，以防绞碾。

（8）作业停止时，必须使机械各部分都停止工作，并切断电源、气源等。

在机械维修岗位参加实训时，必须在受过专门训练的、有经验的操作人员指导下进行。维修工作开始前，机械设备必须完全处于停机状态，完全切断机器设备的动力源（电、汽、水）和压力系统介质的来源；把贮存气体的柜、槽等容器内的压力降到大气压力，并切断动力源；排出机器管路、气缸内的油、气及其他介质，使之不能推动机器工作；对机器中松动和仍能自由移动或偶然移动的构件加以固定；防止由于机器移动而使原来的支撑件

或支撑材料产生移动；防止附近的外部能量引起机器维修部位突然运动。

四、外伤急救

操作机械最容易受到外伤。当伤害事故发生后，应立即拨打120急救电话，报告出事地点、受伤人员及伤情，同时应根据具体情况对伤员进行现场急救。

一般割伤，可用消毒棉签或纱布把伤口清理干净，小心取出伤口中的玻璃屑或固体物，若伤口较脏，可用3%过氧化氢擦洗或用碘伏涂在伤口的周围，然后用清洁纱布包扎。

如有骨折，应就地取材固定受伤部位，防止再损伤。

遇有开放性颅脑或开放性腹部伤，脑组织或腹腔内脏脱出者，不应将污染的组织塞入，可用干净碗覆盖，然后包扎。当有木桩等物刺入体腔或肢体时，不宜拔出，宜锯断刺入物的体外部分（近体表的保留一段），等到达医院后，准备手术时再拔出。有时刺入的物体正好刺破血管，暂时有填塞止血作用，一旦现场拔出，有可能会导致大出血而来不及抢救。若有开放性胸部伤，应立即使伤者半卧位，对胸壁伤口封闭包扎。

出血，尤其是动脉出血，要尽快止血。动脉出血来势凶猛，颜色鲜红，随心脏搏动而呈喷射状涌出。大动脉出血可以在数分钟内导致伤者死亡，十分危险。

常用止血法：

止血带急救止血法：四肢较大的动脉出血时，可用止血带止血。最好用较粗而有弹性的橡皮管进行止血。如没有橡皮管，也可用宽布带应急。用止血带时，首先在创口以上的部位用毛巾或绷带缠绕在皮肤上，将橡皮管拉长，紧紧缠绕在缠有毛巾或绷带的肢体上，然后打结。止血带不应缠得太松或过紧，以血液不再流出为度。上肢受伤时缚在上臂，下肢受伤时缠在大腿，才会达到止血目的。缚止血带的时间，原则上不超过一小时，如需较长时间缚止血带，则应每隔半小时松解止血带半分钟左右。在松解止血带的同时，应压住伤口，以免大量出血。

指压止血法：用拇指压住出血的血管上方（近心端），使血管被压闭，中断血流。在不能使用止血带的部位，可暂用指压止血法。

压迫伤口止血法：如果伤势严重，而身边又无止血器材，可用清洁的手帕、撕下的衣物或手压住伤口止血，以争取时间送医院处理。

现场急救时，伤者不能进食、饮水或用止痛剂。

训练项目2 化学品安全

化学品安全隐患不仅存在于化工企业，在农业、医药、交通、建筑、仓储、商贸以及现代制造业等行业中也存在。中等职业学校所设专业对应的职业群中，有许多岗位需要与化学品接触。

一、危险化学品安全事故

1. 什么是危险化学品

全世界已知的化学品品种有大约700万种，在市场上销售流通的超过100万种，而且每年还有1 000多种新的化学品问世。在化学品中，有相当一部分具有易燃、易爆、有毒、腐蚀性强、放射性强等性质。为防止这些化学品在生产和使用过程中造成危害，国家将这类化学品列为“危险化学品”，并有专门规定，对危险化学品的生产、储存、运输、经营和使用等环节进行管理。

危险化学品分为9类：爆炸品；压缩气体和液化气体；易燃液体；易燃固体、自燃固体和遇湿易燃物品；氧化剂和有机过氧化剂；有毒品；腐蚀品；放射品；杂类。它们有的易燃、易爆，有的腐蚀性强或有毒，甚至可致癌。

违章指挥、违章操作、违反劳动纪律，从业人员缺乏专业知识，安全操作技能差，生产工艺落后，设备带病运行，危险化学品运输翻车泄漏，非法经营危险化学品，生产和销售造假，都会引发危险化学品安全事故。

2. 危险化学品事故引起的后果

（1）火灾或爆炸。危险化学品能量意外释放时，会引起火灾或爆炸。

危险化学品爆炸事故，包括爆炸品的爆炸（例如烟花爆竹、民用爆炸器材、军工爆炸品），易燃固体、自燃物品、遇湿易燃物品的火灾爆炸，易燃液体、易燃气体的爆炸，危险化学品产生的粉尘、气体、挥发物爆炸，和液化气体、压缩气体的物理爆炸等。

（2）人身伤亡。危险化学品事故危害极大，不但会由于燃烧、爆炸直接导致人员伤亡，而且大多数危险化学品还会在燃烧时放出有毒有害气体或烟雾，致人中毒和窒息。

危险化学品的毒性既可以通过呼吸进入人体，也可以通过暴露的皮肤使人中毒。具有放射性的危险化学品，会在人毫无察觉的情况下对人体造成伤害，甚至致人死亡。

（3）环境污染。危险化学品外泄，例如运

输过程中车辆倾翻，导致危险化学品扩散到水、大气、土壤中，就会造成严重的环境污染，对生态环境和人类活动的危害难以估量。

二、化工企业从业者的权益和义务

化工行业是个高危行业，化工企业的从业者有特殊的权益和义务。

1. 化工企业从业者的权益

拒绝工作的权利。化工企业必须具有“安全生产许可证”，如果没有，即不具备安全生产条件，从业者可以拒绝工作。

接受培训的权利。通过培训了解国家有关化工企业安全生产和劳动保护的法律、法规、制度和标准，掌握本车间（岗位）的各项安全生产规程和管理制度，特别是本车间（岗位）的生产特点以及所接触的易燃、易爆、有毒、有害物品的性质，了解这些物品对人体的危害、预防办法和急救措施，知道本车间（岗位）各类安全防护装置的类型、作用及维护方法，正确使用本岗位劳动保护用品和消防器材的方法。

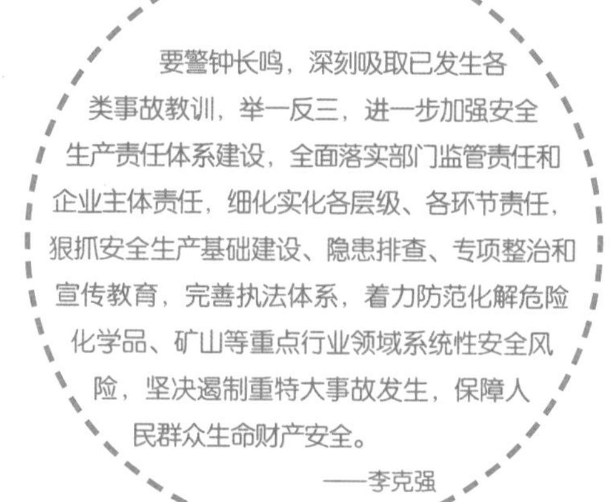
化工行业是一个高危行业，有相当多的化学品具有易燃、易爆和有毒等危险性。

2. 化工企业从业者的安全职责

在化工、医药企业生产厂区或化学品贮存区内，往往会24小时不间断地处理、贮存着大量的易燃、易爆、有毒、有害物质，如管理不善或突然故障都可能发生物料外逸或聚积，而导致灾害发生。再加上塔台设备与管线工艺装置连通，压力容器、电气装置、运输设备、检修作业、排放管沟等因素，均对人构成潜在危险。因此在化学品生产或贮存区参加实训或就业的中职生，必须自觉遵守有关规章制度，才能保证安全生产。

要警钟长鸣，深刻吸取已发生各类事故教训，举一反三，进一步加强安全生产责任体系建设，全面落实部门监管责任和企业主体责任，细化实化各层级、各环节责任，狠抓安全生产基础建设、隐患排查、专项整治和宣传教育，完善执法体系，着力防范化解危险化学品、矿山等重点行业领域系统性安全风险，坚决遏制重特大事故发生，保障人民群众生命财产安全。

——李克强

化学品生产、贮存区的十大禁令：

（1）不按规定穿戴劳动防护用品不准进入生产岗位，穿凉鞋、高跟鞋者禁止进入现场；

（2）现场禁止吸烟，必须在化学品生产、贮存区动火的作业，要办动火手续，采取安全措施；

（3）上班前饮酒者禁止进入现场；

（4）在作业中禁止打闹或其他有碍作业的行为，不准睡觉、离岗、做与生产无关的事；

（5）禁止用汽油或其他化工溶剂清洗设备、机具和衣物，禁止随意泼洒油类、危险化学品、电石废渣；

（6）防护、信号、保险、连锁等安全装置不齐全的设备、工具，不准使用；

（7）不是自己分管的设备、工具不准动用，停机后的设备，未经彻底检查，不准启用；

（8）检修设备时不落实安全措施，不准开始检修；

（9）禁止堵塞消防通道，禁止挪用、损坏消防工具和设备；

（10）未取得安全作业证的职工，不准独立作业。中职生在实训中必须有持证人员指导，不准独立作业。

新工人初到一个新环境，往往好奇心重，什么东西都想动一动、摸一摸，结果酿成工伤事故，使自己或他人受到伤害。在化工企业实训、就业的中职生，要牢记上述十大禁令。

链接 化工企业职工自我污染的预防

（1）遵守安全操作规程，使用适当的防护用品，不直接接触能引起过敏的化学品。

（2）不在衣服口袋里装被污染的东西，如抹布、工具等。

（3）休息时、就餐前、饮水前，要充分洗净身体的暴露部位；下班后，换下工作服，洗头洗澡，勤剪指甲，保持好个人卫生。

（4）在清洗或更换衣服时，要注意防止自我污染，防护用品要分放、分洗。

（5）皮肤受伤时，要及时包扎。

（6）定期检查身体。

3. 化工企业采取的防火防爆措施

化工企业采取的防火防爆措施很多。例如，控制易引起火灾爆炸的危险物数量，密闭操作，保持通风，以惰性介质置换和保护，严禁禁忌物混存，合理排放废气、废水、废渣，避免明火加热易燃物料，划定禁火区域，严格控制检修用火，有效冷却，控制投料速度等。

化工生产中，静电可造成爆炸、火灾、静电电击及妨碍生产等多种危害。企业采用的防止静电危害的措施也很多。例如，控制输送速度、选用合适材料、增加静置时间，设备接地，环境增湿，加入抗静电剂，选用静电消除器，采取有效人体防静电措施等。

三、危险化学品事故的自我防护和现场急救

1. 危险化学品事故的自我防护

（1）呼吸防护。在发生毒气泄漏后，应马上用毛巾、餐巾纸、衣物等随手可及的物品捂住

口鼻。手头如有水或饮料，应把毛巾、衣物等浸湿。最好能及时戴上防毒面具、防毒口罩。

（2）皮肤防护。尽可能戴上手套，穿上雨衣、雨鞋等，或用床单、衣物遮住裸露的皮肤。如已备有防化服等防护装备，要及时穿戴。

（3）眼睛防护。尽可能戴上各种防毒眼镜、防护镜或游泳用的护目镜等。

（4）撤离。判断毒源与风向，沿上风向或侧上风向，朝远离毒源的方向迅速撤离。不要在低洼处停留。

（5）冲洗。到达安全地点后，要及时脱去被污染的衣服，用流动的水冲洗身体，特别是曾经裸露的部分。

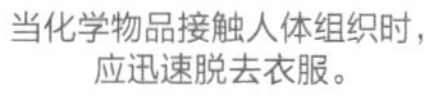

当化学物品接触人体组织时，应迅速脱去衣服。

立即用大量清水冲洗创伤部位，冲洗时间不应少于15分钟。

（6）救治。迅速拨打120，及早到医院救治。中毒人员在等待救援时应保持平静，避免剧烈运动，以免加重心肺负担，致使病情加重。

2. 化学危险品现场急救

化学危险品对人体可能造成的伤害包括中毒、窒息、灼伤、烧伤、冻伤等。化学危险品对人体的伤害主要有，刺激眼睛：流泪致盲，灼伤皮肤：溃疡糜烂，损伤气道：胸闷窒息，麻痹神经：头晕昏迷等。

（1）自我防护、集体行动。进行急救时，救援人员必须加强自我防护，避免成为新的伤者。特别是把伤者从严重污染的场所救出时，更要注意。把伤者从危险的环境转移到安全的地点时，要至少2～3人为一组集体行动，以便互相照应，防止救援人员自身发生意外。

（2）急救程序。除去伤者污染衣物—冲洗—个性处理—转送医院。针对伤者的情况个性处理，采取不同急救措施。

① 神志不清：置伤者于侧卧位，防止气管阻塞，呼吸困难时帮助其吸入氧气，呼吸停止时立即进行人工呼吸，心跳停止时立即进行胸外心脏按压（方法见触电急救）。

② 皮肤污染：脱去污染的衣服，用流动清水冲洗皮肤；头面部灼伤时，要注意眼、耳、鼻、口腔的清洗。例如，眼睛污染应立即提起眼睑，用大量流动清水彻底冲洗，至少15分钟。

③ 误食毒品：应根据化学品性质对症处理。压舌催吐、洗胃。经现场处理后，应迅速护送至医院救治。要注意对伤者受污染衣物的处理，防止发生继发性损害。

④ 发生冻伤：应迅速复温。复温的方法是采用40～42℃温水浸泡，使冻伤部位的温度在15～30分钟内提高至接近正常。再对冻伤部位进行轻柔按摩，注意不要擦破伤处的皮肤，以防感染。

⑤ 发生烧伤：应迅速将伤者衣服脱去，用水冲洗降温，用清洁布覆盖创伤面，避免创面污染；不要轻易把水泡弄破。轻度的烫伤或烧伤，可将药用棉签浸90%～95%的酒精后轻涂伤处，也可用3%～5%的高锰酸钾溶液擦伤处至皮肤变为棕色，然后涂上烫伤药膏。较严重的烫伤或烧伤，不要弄破水泡，以防感染。要用消毒纱布轻轻包扎伤处，并立即送医院治疗。

⑥ 化学灼伤：化学灼伤与一般的烧伤、烫伤不同，其特殊性在于：如果不立即把污染在人体上的腐蚀物除去，这些物质仍会继续腐蚀皮肤和组织，直至被消耗完为止。化学物质与皮肤和组织接触时间越长、浓度越高，灼伤也越严重。

一旦发生化学灼伤事故，都应于最短时间内（最好不超过1～2分钟）进行冲洗。冲洗抢救如同救火，要争分夺秒。冲洗时必须立足于现场条件，不必强求用消毒液和药水，凉开水、自来水，甚至河水、井水都可应急。冲洗需要反复且彻底地进行。

不论强酸、强碱，还是磷造成的灼伤，一方面要尽快打急救电话120，通知医生到现场抢救；另一方面要尽快脱去伤者衣服，用大量清水冲洗。

训练项目3 化学品运输安全

化学品运输安全包括厂内运输和厂外运输的安全，驾驶员要在遵守社会统一的交通安全要求基础上，掌握行业内对运输的特殊要求。

一、危险化学品厂内运输的安全

1. 危险化学品厂内运输安全措施

厂内运输情况较为复杂，如道路较差、视线不良等，因此厂内运输事故比较多。厂内运输事故包括车辆事故，运搬、装卸、堆垛中物体砸伤事故等。

在厂内驾驶机动车载人载物，必须严格按照规定操作，不要超过行驶证上核定的标准载人数或载重；装载货物必须均衡，捆扎牢固；装载容易散落、飞扬、流漏的物品，必须封盖严密；注意通道、照明、场地等运输作业条件，倒车时要特别关注周围其他正处于工作状态的职工。

2. 危险化学品厂内运输安全要求

根据《工业企业厂内铁路、道路运输安全规程》的规定：装载易燃、易爆、剧毒等危险货物时，应做到以下几点：

（1）必须经过厂交通安全管理部门和保卫部门批准，按指定的路线和时间行驶。必须由具有50 000公里和3年以上安全驾驶经历的驾驶员驾驶，并选派熟悉危险品性质和有安全防护知识的人担任押运员。必须用货运汽车运输，禁止用汽车挂车和其他机动车运输。

（2）车上应根据危险货物的性质配带相应的防护器材，车辆两端上方必须插有危险标志。车厢周围严禁烟火。

（3）应在货车排气管消音器外装设火星罩，易燃货物专用车的排气管应在车厢前一侧，向前排气。装载液态易燃、易爆物品的罐车，必须挂接地静电导链；装载液化气体的车辆应有防晒措施；装载氯化钠、氯化钾和用铁桶装一级易燃液体时，不得使用铁底板车辆；装载剧毒品的车辆，用后应进行清洗、消毒。

（4）不得与其他货物混装；易燃、易爆物品的装载量不得超过货车载重的2/3，堆放高度不得高于车厢栏板。两台以上车辆跟踪运输时，两车最小间距为50米，行驶中不得紧急制动，严禁超车。

（5）中途停车应选择安全地点，停车或未卸完货物前，驾驶员和押运员不得离车。

（6）易燃易爆危险化学品装卸作业时，必须严格遵守操作规程，轻装轻卸，不准摔碰、撞击、重压、倒置。装卸过程中，应根据危险化学品的不同特性，采取相应的安全措施。温度的变化对化学物品的安全储存有着显著的影响，环境温度越高，不安全因素越多，火灾危险性也就越大。夏季高温时期，在作业时间上应进行控制，防止危险化学品暴露在高温下。

二、危险化学品厂外运输的安全

企业自备车到厂外运输危险化学品时，在厂内运输安全要求的基础上，还应注意以下安全要求：

1. 行驶安全

运输危险品的行车路线，必须事先经当地公安交通管理部门批准，按指定的路线和时间运输，不可在繁华街道行驶和停留。运输爆炸品时需具有运往地县、市公安部门开具的《爆炸品准运证》《危险化学品准运证》。

必须保持安全的车速，保持车距，严禁超车、超速和强行会车。禁止无关人员搭乘运输危险化学品的车及其他交通工具。

2. 装卸和押运安全

危险化学品装卸前，应对运输车和搬运工具进行必要的通风和清扫，不留有残渣，对装有

装卸人员操作时要轻拿轻放，防止包装受损、化学品外漏。

剧毒物品的车，卸车后必须刷干净。

危险化学品应由专人押运，押运人员不得少于两人；装卸运输人员应根据危险化学品性质，佩戴相应的防护用品，装卸时必须轻装轻卸，严禁摔拖、重压和摩擦，不得损坏包装容器，并注意标志，堆放稳妥。

如果由铁路、交通、航运部门托运危险化学品，必须出示有关证明，办理手续。

三、驾驶员对险情和事故现场的处置

1. 遇险情时的自我保护

刹车失灵时，应换低挡，加拉手刹，同时打开双闪；若车速始终无法控制，可试着冲向柔软的障碍物，让车速慢下来。

撞车瞬间，司机应两腿尽量伸直，两脚踏实，双臂护胸，手抱头，身体后倾。迎面碰撞时，如碰撞的主要方位不在司机一侧，司机应紧握方向盘，两腿向前伸直，两脚踏实，身体后倾，保持平衡；如碰撞的主要方位临近司机座位或者撞击力度较大，司机应迅速躲离方向盘，将两脚抬起。

路上熄火时，应将车移到公路右侧允许停车的地带。在公路的来车方向距故障车50~100米处摆放故障车警示牌，如果在高速公路上，则至少应间距150米。如果没有警示牌，可打开车辆的行李箱及发动机盖代替，同时亮起双闪。

车身失火时，应立即熄火。如因碰撞变形，车门无法打开，可从车窗处逃生。身上着火时，应先离开车，然后向水源处滚动，边滚边脱去衣服。

汽车翻车时，应脚勾踏板随车翻转。当司机感到车辆不可避免地要倾翻时，应紧紧抓住方向盘，两脚勾住踏板，使身体固定。这样，虽然司机会随车辆一起翻转，但比起人在车中滚动碰撞，受伤会轻得多。

2. 驾驶员对事故现场的处置

驾驶员如果缺乏现场处置的能力，一旦突然发生交通事故，往往表现为：面对目不忍睹的现场、伤员的哭喊以及大量围观的群众，束手无策，惊慌失措，贻误抢救伤员的时机；不知保护事故现场，给事故现场的勘察及处理造成困难；缺乏法制观念，肇事后逃逸。

驾驶员对事故现场应采取的正确处置方法有：

（1）立即停车。

（2）立即抢救伤员和物资。抢救原则：先救人后救物，先救命后救伤，先抢救重伤员后抢救轻伤员。

如有人员死亡，确属当场死亡且无丝毫抢救希望者，驾驶员应原地不动，用草席、篷布、塑料布等物覆盖死者。如受伤人员伤势较轻，可暂留现场等待交警处理。如果伤势较重，应拦截过往车辆或拨打120急救电话就近送医院抢救。要用手机对现场拍照，用树枝、石块描出伤员位置。如一时无过往车辆或救护车，也可用自己的车将伤员送医院抢救，但要将肇事车各个车轮着地点以及伤员倒位描出，做好标记，并留人员看护现场。

若无人员伤亡，应迅速抢救物资和车辆。

链接　及时抢救，挽救生命

交通事故造成的死亡，有50%左右发生在事故的瞬间，大约有35%发生在事故后的一两个小时内，大约15%发生在事故后的7天之内。及时抢救，能挽救许多生命，并能防止伤情恶化，减轻疼痛，预防并发症和后遗症的发生。

（3）保护事故现场。保护事故现场对公安交通管理部门了解情况，正确处理事故具有极其重要的意义。事故现场保护的内容有：肇事车停位、伤亡人员倒位、各种碰撞碾压的痕迹、刹车拖痕、血迹以及其他散落物品等。

事故现场保护方法有：寻找现场周围的器材，如石灰、粉笔、砖石、树枝、木杆、绳索等，设置保护警戒线，禁止无关人员和车辆进入。保护现场时，应尽量做到不妨碍交通，如果车辆通行确实有可能使现场受到破坏和危及安全，可以暂时封闭现场，待交警到现场勘察完毕后，再行疏通。

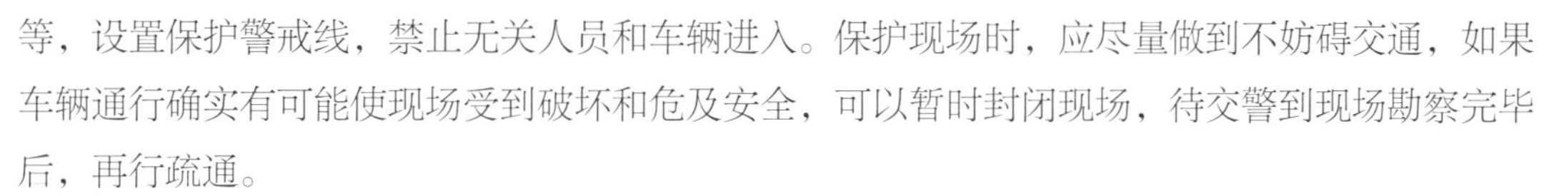

（4）及时报案。在抢救伤员、保护现场的同时，应及时报案，全国统一交通事故报警电话号码为“122”。报告内容有：肇事地点、时间、报告人姓名、住址、肇事车辆、事故的死伤和损失情况等。交警到达现场后，要一切听从交警指挥并主动如实地反映情况，积极配合交警进行现场勘察和分析等。

（5）现场急救。急救的基本方法有止血、包扎、固定、搬动和心肺复苏。在实施急救时，首先应制止大出血、疏通呼吸道，及时包扎和做心肺复苏，用正确的方法保护好伤员的脊柱和骨折肢体。

训练项目4 搬运和起重安全

在工业、农业、建筑业、商业和旅游服务业等多种行业实习、就业时，都可能会搬运重物。在搬运、起重过程中，有发生事故的危险。

一、手工搬运的安全

手工搬运时，如果互相配合不好、工具使用不当，就容易造成工伤事故。

1. 肩扛和肩抬

肩扛的重量以不超过本人体重为宜。最好有人搭肩，搭肩应稍下蹲，待重物到肩后，直腰起立，不能弯腰，以防扭伤腰部。

两人以上抬运重物时，必须同一顺肩。换肩时重物须放下。多人抬运时，必须有一人喊号，以求步调一致。

2. 使用撬杠和滚杠

应根据具体情况选用长短大小不同的撬杠。操作时，撬杠应放在身体一侧，两腿叉开，两手用力。不准站或骑在撬杠上面工作，也不准将撬杠放在腹部，以防发生事故。

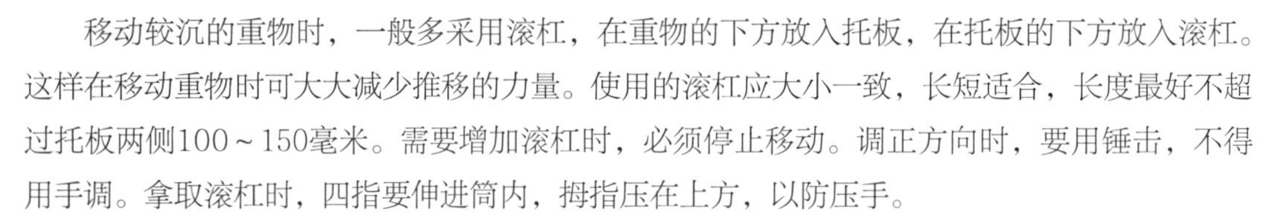

移动较沉的重物时，一般多采用滚杠，在重物的下方放入托板，在托板的下方放入滚杠。这样在移动重物时可大大减少推移的力量。使用的滚杠应大小一致，长短适合，长度最好不超过托板两侧100~150毫米。需要增加滚杠时，必须停止移动。调正方向时，要用锤击，不得用手调。拿取滚杠时，四指要伸进筒内，拇指压在上方，以防压手。

3. 使用跳板

有时候手工装卸需要使用跳板。如果跳板选择不当，搭架不好，往往会造成摔伤。因此，在使用跳板时，应注意：必须使用厚度大于50毫米的跳板，凡腐朽、扭纹、破裂的跳板，均不得使用；单行跳板的宽度不得小于0.6米，双行跳板的宽度不得小于1.2米；跳板坡度不得大于1∶3。凡超过5米长的跳板，下部应设支撑；跳板两头应包扎铁箍，以防裂开。

链 接 人力装卸搬运时的注意事项

（1）要穿戴好劳动防护用品，物件轻拿轻放，禁止乱摔乱砸。

（2）多人同时搬运货物时，要协同动作，应有专人指挥，防止砸伤手脚。

（3）在采用滚卷法装卸车时，重物可能滚下的地方不得有人。

（4）用滚杠搬运重物时，应有专人指挥，防止滚杠压手。

（5）装卸易燃易爆物品时，严禁随身带火柴、打火机，严禁作业时吸烟。装卸有毒物品及有粉尘材料时，要穿戴好防护用品。

（6）在装卸成堆物品时，要防止货物倒塌伤人。卸车后物件应堆放整齐。

（7）装车后应牢固封车，运输途中应经常检查是否松动。

二、起重作业的安全

起重作业涉及面广，环境复杂，危险性较大。在与起重作业无关的岗位工作或实习，应远离起重场所。如果自己的工作或实训岗位与起重作业有关，则应注意安全站位。

在起重作业中，有些位置十分危险，如吊杆、吊物下，被吊物起吊前区，导向滑轮钢绳三角区和快绳周围，斜拉的吊钩或导向滑轮受力方向等。如果处在这些位置上，一旦发生危险，不易躲开。

1. 引发起重安全事故的原因

（1）超重作业。吊索具安全系数小或对起吊物估重不准，切割不彻底、拽拉物多，未发现连接部位强行起吊等，都会造成吊索具、吊车骤然增加荷重冲击而导致意外。

滑轮、绳索选用不合理，对因快绳夹角变化而导致的滑轮和拴滑轮绳索受力变化的认识不足，导向滑轮吨位选择过小，拴滑轮的绳索选择过细，造成受力过载后绳断轮飞。

（2）操作不当。起重作业涉及面大，有的吊车司机经常使用不同单位、不同类型的吊车。受吊车性能不同及指挥信号差异的影响，容易发生司机误操作等事故。

吊装工具或吊点选择不当。设立吊装工具或借助管道、结构等作吊点吊物时，缺乏理论计算，靠经验估算的吊装工具、管道、结构吊物承载力不够，一处失稳，导致整体坍塌。

起重工作已经结束，当吊钩带着空绳索具运行时，自由状态下的空绳索具可能会挂住已摘钩的被吊物或其他物体，吊车司机或指挥人员如反应不及时，极易发生事故。

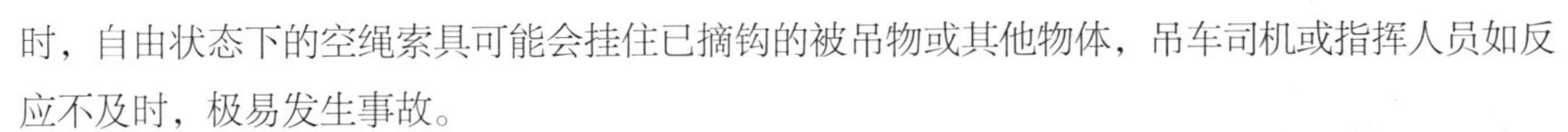

空中悬吊物较长时间没有加封安全保险绳。有的设备或构件由于安装程序要求，需要先悬吊空中再就位固定。如果悬吊物在空中停留时间较长，没有安全保险绳，一旦受到意外震动、冲击等，就会造成悬吊物坠落的严重后果。

吊车站位没有进行咨询。没有及时发现周围环境中的高压线路、运转设备、煤管道泄漏点等隐患。

吊车长臂起吊重物时，吊车臂受力下“刹”，杆头与重物重心垂直线改变，如果起杆调整不准，就会造成被吊重物瞬间移位，引发事故。

风力超过安全规定时，易出事故。

未设警示区。未及时在大件吊装及高空作业下方危险区域拉设安全警示区、安排安全监护人，导致他人不明情况进入危险区域而发生事故。

（3）绑扎不牢。成束材料垂直吊送捆缚不牢，致使吊物在空中一旦颤动、受刮碰，就失稳坠落或散落。

滚筒缠绳不紧。大件吊装拆除，吊车或机动卷扬机滚筒上缠绕的钢绳排列较松，致使受大负荷的快绳勒紧绳束，造成快绳剧烈抖动，极易失稳。

临时吊鼻焊接不牢，也是引发事故的重要原因。

2. 手拉葫芦的安全要求

操作前必须详细检查各个部件和零件，包括链条的每个链环，情况良好时方可使用。

起重物体不得超重，起重高度不得超过标准值。

起重链条要求垂直悬挂重物，链条各个链环间不得有错钮。

拉动手拉链时，拉链方向与手拉链轮必须处于同一平面。严禁斜拉，以防卡链。拉动时必须用力平稳，以免跳链或卡链。当发现拉动困难时，要及时检查原因，不得硬拉，更不许增人加力，以免拉断链条或连接销。

使用三脚架时，三脚必须保持一定间距，两脚间应用绳索联系，当联系绳索置于地面时，要注意防止将作业人员绊倒。

3. 起重机安全操作规定

司机接班时，应对制动器、吊钩、钢丝绳和安全装置进行检查。发现性能不正常时，应在操作前排除。

开车前，必须鸣铃或报警。操作中接近人时，应给出断续铃声或警报。操作应按指挥信号进行。对紧急停车信号，不论何人发出，都应立即执行。

只有当起重机上或周围确认无人时，才可以闭合主电源。当电源电路装置上加锁或有标牌时，应由专管人员除掉后再闭合主电源。闭合主电源前，应使所有的控制器手柄置于零位。工作中突然断电时，应将所有的控制器手柄扳回零位。在重新工作前，应检查起重机工作是否都正常。

在轨道上露天作业的起重机，当工作结束时，应将起重机锚定住。当风力大于6级时，一般应停止工作，并将起重机锚定住。对于在沿海工作的起重机，当风力大于7级时，应停止工作，并将起重机锚定住。

司机对起重机进行维护时，应切断主电源并挂上标志牌或加锁。如存在未消除的故障，应通知接班司机。

4. 正确使用吊具、索具

起重吊运作业的刚性取物装置称为“吊具”，如吊钩、抓斗、夹钳、吸盘、专用吊具等。用于系结工件的挠性工具称为“索具”，如钢丝绳、环链、合成纤维吊带等，端部配件常用的吊环、卸扣、绳卡等也是索具。吊具、索具使用不当引起重物坠落，是起重事故中的重要原因。正确使用吊具、索具的要求如下：

（1）使用者应熟知各类吊索具及其端部配件的性能、使用注意事项、报废标准。所选用的吊索具应与被吊工件的外形特点及具体要求相适应，决不能凑合使用。

（2）作业前，应对吊、索具及其配件进行检查，确认完好后，方可使用。吊具及配件不能超过其额定起重量，吊索不得超过相应吊挂状态下的最大工作载荷。

（3）作业中应防止损坏吊、索具及配件，必要时在棱角处应加护角防护。吊挂前，应正确选择索点；提升前，应确认捆绑是否牢固。

三、传送设备的安全

最常用的传送设备有传送带、滚轴和齿轮传送装置等。

1. 可能出现的安全问题

夹钳：肢体夹入运动的装置中；

擦伤：肢体与运动部件接触而被擦伤；

卷入伤害：肢体绊卷到机器轮子、传送带之中；

撞击伤害：不正确操作或者材料高空坠落造成的伤害。

2. 危害的消除

（1）带式传送设备：夹伤最易产生在传送带及传动轮的结合部位，传动轮是最主要的危险部位，因此，要求对其封闭，或者设有安全装置。在传送带转向、加料及设有导向轮的地点，也存在夹伤的危险，因此，也应采取类似的安全措施。在传送带上，要使用全封闭的安全装置，或设置绊网，以便在突发状况时切断原料供应；对于长的传送带，在适当的间隔上，应开设安全入口。

（2）滚轴传输：滚轴可以是有动力的，也可以是无动力的。对于有动力的滚轴，在动力驱动轴处要有安全装置。在传送带上方需要通道时，应提供专门的通道设施。

（3）齿轮传输：任何时候都要求有安全装置，只有在驱动器锁定时，才能进行保养及维修。

3. 卷扬机使用的安全要求

卷扬机是最常用的传送设备，分手动和电动两种，它既是起重设备，又是运输牵引设备。使用卷扬机的安全要求如下：

（1）卷扬机与支承面的安装定位，应平整牢固。

（2）卷扬机卷筒与导向滑轮中心线应对中。注意卷筒轴线与

跨越卷扬机的危险

滑轮轴线的距离，光卷筒不应小于卷筒长的20倍，有槽卷筒不应小于卷筒长的15倍。

（3）钢丝绳应从卷筒下方卷入。

（4）卷扬机工作前，应检查钢丝绳、离合器、制动器、棘轮等，确认可靠无异常后，方可开始吊运。重物长时间悬吊时，应该用棘爪支住。

（5）吊运中突然停电时，应立即断开总电源，手柄扳回零位，并将重物放下，对无离合器手控制动的，应监护现场，防止意外事故。

训练项目5 仓储安全

仓储安全除了与用电、防火密切相关，还涉及机械、化学品、运输、搬运、起重等许多工种的安全。随着我国物流业的发展，仓储安全越来越受到人们的重视。

一、仓储安全的重点

1. 仓储安全的重点是防火

仓库火灾可分普通火、油类火、电气火和爆炸性火灾，因此应加强火源管理，严禁将火种带入仓库，严格管理库区明火；货物储存要安全选择货位，保留足够安全间距；装卸搬运要注意入库作业防火和作业机械防火，防止因作业机械线路故障、电气设备短路引起火灾。

除电工操作时必须严格遵守安全操作规程外，电气设备在使用过程中应有熔断器和自动开关，电动工具必须有良好的绝缘装置，使用前必须做好保护性接地措施。此外，高压线经过的地方，必须有安全措施和警告标志。

对于装有起重车的大型库房和储备化工材料、危险物品的库房，都要经常检查维护，各种建筑物都得有防火的安全设施，并按国家规定的建筑安全标准和防火间距严格执行。

2. 其他安全工作

防台风。在华南、华东沿海地区的仓库，都会受到台风的危害。处在这些地区的仓库要高度重视防台风工作，避免台风对仓储造成严重危害。要加强机修、排水、堵漏、消防等方面的准备。

防雷。及时掌握汛情动态，高大建筑物和危险品库房要有避雷装置。在雷雨季节到来之前，对避雷装置进行全面检查。

防静电。爆炸物和油品应采取防静电措施，并配备必要的检测仪器，每年应对防静电设施进行一两次全面检查，测试应当在干燥的气候条件下进行。

此外，防盗、防破坏等，也是仓储安全的重要内容。

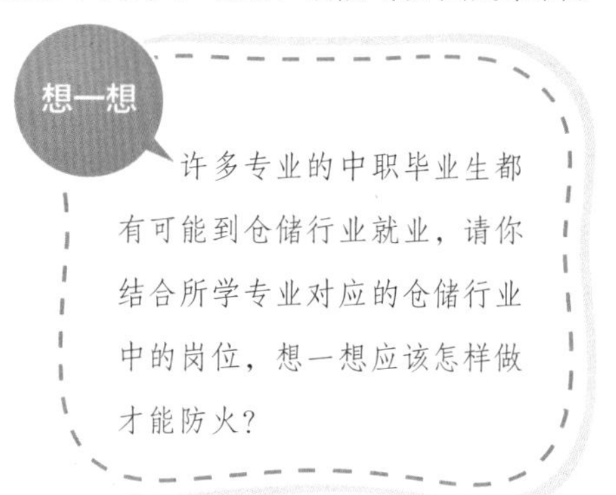

害人害己

二、库区安全管理

库区安全管理可以划分为仓储技术区、库房、货物保管、货物收发、货物装卸与搬运、货物运输、技术检查、修理和废弃物处理等环节。以下几个环节是安全管理的重点：

1. 仓储技术区的安全管理

仓储技术区是库区重地，应严格安全管理。技术区周围设置高度大于2米的围墙，上置钢丝网，高1.7米以上，并设置电网或其他屏障。技术区内道路、桥梁、隧道等通道应畅通、平坦。

仓储技术区出入口设置日夜值班的门卫，对进出人员和车辆进行检查登记，严禁带入易燃易爆物品和火源。

仓储技术区内严禁危及货物安全的活动（如吸烟、爆破等），未经上级部门批准，不准在仓储技术区内进行参观、摄影、录像或测绘。

2. 库房的安全管理

应妥善保管库房钥匙，实行多方控制，严格遵守钥匙领取手续。对于存放易燃易爆、贵重货物的库房，要严格执行两人分别掌管钥匙和两人同时进库的规定。有条件的库房，应安装安全监控装置，并认真使用和管理。

经常检查库房情况，对于地面裂缝、地基沉降、结构损坏，防水防潮层和排水沟堵塞等情况应及时维修。

3. 货物装卸与搬运中的安全管理

仓库机械应实行专人专机，建立岗位责任制，防止丢失和损坏，操作者应做到“会操作、会保养、会检查、会排除一般故障”。

根据货物尺寸、重量、形状选用合适的装卸、搬运设备，严禁超高、超宽、超重、超速等不规范操作。不能在库房内检修机械设备。在狭小通道、出入库房或接近货物时应减速鸣号。

三、对库区一线员工的安全要求

认真学习并执行仓储安全要求，熟练掌握本岗位仓储作业技术。

库区一线员工应根据危险特性的不同，穿戴相应的防护服装，只在适合作业的安全环境中进行作业。

使用符合安全要求的工具进行作业，所使用的设备应具有良好的状况。作业时，必须有专人在现场指挥和安全指导，严格按照安全规范进行作业。

移动吊车必须在停放稳定后方可作业。汽车装卸时，应注意保持安全间距，载货移动设备上不得载人运行。

作业时要轻吊稳放，防止撞击、摩擦和震动。

在工作区严禁吸烟。

工作完毕后要根据货物性质和作业情况，及时洗手、洗脸、漱口或淋浴。

训练项目6 建筑安全

建筑行业的安全，不但涉及机械、电气安全和搬运、起重安全，而且还与多种行业的安全有关，各工种的安全要求也各具特点。下面介绍安全隐患较多的高空作业和拆除作业安全。

一、高空作业安全

1. 什么叫高空作业

距地面两米以上，工作斜面坡度大于45°，地面没有平稳的立足地或有震动的地方，视为高空作业。

高空作业不仅在建筑业有，而且电工、高楼清洗等工种也可能需要进行高空作业。

2. 高空作业的基本安全要求

（1）禁区和照明：高空作业区地面要划出禁区，用提示线围起，并挂上“闲人免进”“禁止通行”等警示牌。夜间作业，必须设置足够的照明设施，否则禁止施工。

（2）电源和电器：靠近电源（低压）线路作业前，应先停电。确认停电后方可进行作业，并应设置绝缘档壁。作业者至少距离电线（低压）两米，禁止在高压线下作业。遇六级以上大风时，禁止进行露天高空作业。进行高空焊接、氧割作业时，必须事先清除火星飞溅范围内的易燃易爆物。当结冻积雪严重，无法清除时，应停止高空作业。

（3）登高作业的个人防护和操作要求：登高前，必须穿戴防护用品，扎住裤角，戴好安全帽，不穿光滑的硬底鞋。要有足够强度的安全带，并应将绳子牢系在坚固的建筑结构件或金属结构架上，不准系在活动物件上。施工负责人必须进行现场安全教育，并再次检查所用的登高工具和安全用具。

高空作业所用的工具、零件、材料等必须装入工具袋。上、下时手中不得拿物品；并必须从指定的路线上、下，不得在高空投掷材料或工具等物；不得将易滚、易滑的工具、材料堆放在脚手架上；不准打闹。作业完毕应及时将工具、材料、零部件等一切易坠落物清理干净，以防落下伤人，需要起重大型零件时，应采用可靠的起吊机具。

严禁上下同时垂直作业。若特殊情况必须同时垂直作业，应经有关领导批准，并在上下两层间设置专用防护棚或者其他隔离设施。严禁坐在高空无遮拦处休息，防止坠落。卷扬机等各种升降设备严禁载人。

（4）作业时的蹬踏物需承重、稳固：在石棉瓦屋面作业时，要用梯子等物垫在瓦上行动，防止踩破石棉瓦坠落。不论任何情况，不得在墙顶上作业或通行。脚手架的负荷量、每平方米不能超过270千克，如负荷量必须加大，架子应适当加固。超过3米长的铺板不能同时站两人工作。脚手板、斜道板、跳板和交通运输道，应随时清扫。如有泥、水、冰、雪，要采取有效防滑措施，并经安全员检查同意后方可开工。使用梯子时，必须先检查梯子是否坚固，是否符合安全要求。立梯坡度以60° 为宜。梯底宽度不低于50厘米，并应有防滑装置。梯顶无搭勾，梯脚不能稳固时，必须有人扶人字梯，拉绳必须牢固。

二、拆除作业安全

拆除区周围应设立围栏，挂警示牌，并派专人监护，严禁无关人员逗留。

拆除施工前，应将电线、煤气管道、上下水管道、供热设备管道等干线，以及通向该建筑物的支线切断或迁移。

拆除过程中，不得使用被拆建筑物中的配电线现场照明，应另外设置配电线路。

拆除作业时，应该站在专门搭设的脚手架上或其他稳固的结构部分上操作。建筑物拆除时，应按屋顶板—屋架或梁—承重砖墙或柱—基础顺序进行，自上而下，禁止数层同时拆除。拆除某一部分时，应防止其他部分倒塌。

训练项目7 农业安全

现代农业安全涉及电气、机械、起重、化学品、运输、仓储等多个领域，下面介绍农药安全和饲养安全两个方面。

一、农药使用安全

在农药生产、包装、运输、供销和使用等环节，都要注意农药使用的安全问题。

1. 农药使用过程中的安全隐患

以下使用农药的环节，都可能导致农药使用者接触农药，从而造成中毒：

田间或温室作物喷药的操作人员，飞机喷药时地面人员，攀缘乔灌木、果树施药的操作人员，以及在刚喷洒过农药的作物中行走、光脚或穿拖鞋施用农药、逆风施用农药的人员；

农药浸种、熏蒸库、农药称量和配制过程中，洗刷普通喷雾器、运输农药的汽车、拖拉机、飞机时，都有可能农药中毒；

处理农药过程中或间歇时饮食、吸烟或咀嚼，工作服口袋中装带香烟、口嚼物或其他食品，穿被农药污染的衣服；

处理农药时所穿戴的防护用具破损，为使喷嘴通畅而用嘴直接吹气，从而接触农药；

贮存农药的地方离食物或水源太近，将清洗过农药器具的洗涤水倒入河流，运过农药的运载工具未经彻底清洗又作他用，使用装过农药的桶存放其他物品，等等，都会让人接触农药。

2. 农药使用安全基本要求

农药被人体接触并吸收后，对人体会产生危害，如果达到一定的剂量，就会产生中毒现象。农药几乎可危害人体神经、循环、呼吸、生殖、消化、排泄等每一个系统，以及大部分主要器官，如眼、心、肝、肾等。

使用农药时必须做到以下要求：

（1）选择适宜的天气用药。高温期间尽量在早晚施药，避开中午。每次施用农药时间不要超过

3小时，在大风、大雨天气时不施农药。

（2）严格按照说明配制药液浓度，限制或禁用高毒农药。注意不能随便使用混配农药，以免增加毒性。

（3）注意农药使用的安全间隔期。为减少农药对农作物及环境的污染，应在限定用药次数、剂量的基础上，按安全间隔期用药。

（4）喷药人员要做到“四禁三防”。四禁：禁用生活饮用水桶配药，禁用盛农药的桶下井、沟、河提水；禁用手直接搅拌农药；禁止酒后喷洒农药；哮喘、气管炎、皮炎、胃病、心脏病患者、孕妇和哺乳期妇女，不能从事施药工作。三防：远离生活饮用水源配制农药；配药时穿戴防护用品，如乳胶手套、塑料围裙、口罩等；站在上风向喷药，防止吸入农药。

（5）施药人员在施药时要严守操作规程。穿戴防护用具、长衣裤，暴露皮肤要用肥皂擦涂，顺风隔行施药。施药时不吃东西，施药后要洗手、洗澡、换衣，避免农药经口、皮肤吸收。

（6）要有固定的地方妥善存放农药。瓶上要标明农药名称，千万不能与食物存放在一起，防止误用误食等意外事故的发生。

农药不能和化肥放在一起。有些化肥和农药易挥发、易燃、易爆炸，放在一起存在较大安全隐患，所以不能同库存放。

3. 农药中毒现场急救

大量接触或误服农药，会出现头晕、头痛、无力、多汗、恶心、呕吐、腹痛、腹泻、胸闷、呼吸困难等症状。严重者还会有瞳孔缩小、昏睡、四肢颤抖、肌肉抽搐、口中有金属味等症状。

对农药中毒者现场急救有以下要点：

（1）迅速把中毒者转移至有毒环境的上风向通风处。立即脱去被污染的衣物，用温热（忌用热水）的肥皂水、稀释碱水反复冲洗体表10分钟以上。

（2）眼部被污染的，立即用清水冲洗，至少冲洗10分钟。口服农药后神志清醒的中毒者，立即催吐、洗胃，越早越彻底越好。

（3）昏迷的中毒者频繁呕吐时，救护者要将其头放低，并偏向一侧，以防止呕吐物阻塞呼吸道引起窒息。中毒者心跳停止时，应立即在现场进行胸外心脏按压。

（4）尽可能向医务人员提供引起中毒的农药名称、剂型、浓度等。

二、家禽家畜传染病

1. 禽流感

（1）什么是禽流感

禽流感，全名鸟禽类流行性感冒，是由病毒引起的动物传染病，通常只感染鸟类，少见情况会感染猪，在罕有情况下会跨越物种障碍感染人。

高致病性禽流感发病率和死亡率非常高，感染的鸡群常常“全军覆没”。常见症状有，病鸡精神沉郁，饲料消耗量减少，消瘦；母鸡的就巢性增强，产蛋量下降；轻度至重度的呼吸道症状，包括咳嗽和大量流泪；头部水肿，神经紊乱和腹泻。

许多家禽如鸡、火鸡、珍珠鸡、鹌鹑、鸭、鹅等都可感染发病，但以鸡、火鸡、鸭和鹅多见，以火鸡和鸡最为易感。

禽流感的传播有与病禽直接接触和与病毒污染物间接接触两种。被含禽流感病毒的分泌物、粪便、死禽尸体感染的任何物体，如饲料、饮水、鸡舍、空气、笼具、饲养管理用具、运输车辆，昆虫以及各种携带病毒的鸟类等均可机械性传播。通过呼吸道和消化道感染，引起发病。

感染鸡的蛋中含有禽流感病毒，因此不能用感染鸡群的种蛋作孵化。

（2）预防和控制高致病性禽流感的措施

禽类发生高致病性禽流感时，发病急，发病和死亡率很高。按照国家规定，凡是确诊为高致病性禽流感的，应该立即对3千米以内的全部禽只扑杀、深埋，做好无害化处理。同时对疫区周围5千米范围内所有易感禽类，实施紧急免疫接种，并建立免疫隔离带。

对感染的禽舍进行消毒时，必须先用去污剂清洗污物，再消毒，铁制笼具可采用火焰消毒。由于粪便中含病毒量很高，因此，粪便和垫料应通过掩埋方法来进行处理，对处理粪便和垫料所使用的工具要用火碱水或其他消毒剂浸泡消毒。

（3）人患禽流感

接触病（死）鸡、鸭等禽类及其排泄物与分泌物，吸入病禽咳嗽或鸣叫时喷射出的带有病毒的飞沫，吃病禽制品或被病禽污染的肉制品食物，是人患禽流感三大途径。

人患上禽流感后，潜伏期一般在1～4天。早期症状与其他流感非常相似，主要表现为发热、流涕、鼻塞、咳嗽、咽痛、头痛、全身不适。部分患者可有恶心、腹泻、腹痛、稀水样便等消化道症状。体温多持续在39℃以上。一旦引起病毒性肺炎，则预后不良，可致多脏器功能衰竭，病死率高。

（4）普通人群如何预防禽流感

一般情况下，普通人群接触不到高致病性禽流感病禽，因为市场上销售的禽类和禽类制品经过兽医卫生部门的检验和检疫，病禽和不合格禽类制品不会进入市场流通。

禽流感病毒对高温比较敏感，60～70℃条件下2～10分钟就可将其灭活。市场上销售的煮熟的禽肉、蛋及其禽类制品可放心食用。平时应尽量把鸡蛋煮熟、煎熟后再吃。

另外，应注意：避免接触病（死）鸡、鸭等禽类，避免与禽流感患者接触，避免食用未煮熟的鸡、鸭等禽类食品；不随意进出疫区，接触禽类后要及时洗手，发现疑似流感症状要及时就诊。

（5）饲养人员如何预防禽流感

养成良好的卫生习惯，工作时要穿上工作服，最好戴上口罩。

减少人体直接接触家禽的机会，工作服要经常清洗、消毒。

接触污物后要洗手，处理鸡场粪污时应戴手套。

发生疫情时要尽量减少与禽类的接触，必须接触禽类时，应戴上手套和口罩，穿上防护衣等。

如果与高致病性禽流感病禽有过接触，也不要恐慌。因为家禽直接将病毒传染给人的概率很低。但若与高致病性禽流感病禽有过接触后，出现感冒样症状，应当马上去医院就诊，积极配合医生进行诊断与治疗。

2. 猪链球菌病

猪链球菌病是由猪链球菌感染引起的一种人畜共患病。人主要通过开放性伤口感染病菌而发病，严重者会导致死亡。

人感染猪链球菌病，多会出现畏寒、高热、头痛，部分患者会出现恶心、呕吐、腹痛、腹泻等症状。

人在宰杀、切割、清洗、销售病（死）猪时容易感染猪链球菌病，尤其是手部有伤口的人员，会通过伤口感染猪链球菌而发病。

预防感染猪链球菌病的主要办法是：病（死）猪应就地深埋或焚烧，禁止抛入河、沟、水塘等水体内；购买经过正规屠宰检验程序的猪肉，不购买来历不明的猪肉，特别是病猪肉。

3. 炭疽

炭疽是一种由炭疽杆菌引起的人畜共患的急性传染病。临床表现可分五种类型，其中皮肤炭疽最为多见。皮肤炭疽的最大特点是，虽然皮肤破损明显，但并不感到疼痛。一般2～3周后，痂皮脱落形成疤痕。患者感染皮肤炭疽后要及时治疗，避免病原菌进入体内器官而导致死亡。

牛、羊、马、驴等食草动物是炭疽的主要传染源。主要通过接触传播，人接触了患病动物的皮、毛等，炭疽杆菌可经破损的皮肤进入人体而使人感染疾病。

预防方法：

隔离患者及病（死）畜。患者应该隔离至创口愈合、痂皮脱落、症状消失。病（死）畜应焚毁或深埋，并应做好消毒。

严禁剥食或贩卖炭疽病畜的肉和皮毛。

可能感染炭疽病的畜牧业、屠宰业、畜产品采购加工业等从业人员应接种疫苗。

4. 疯牛病

疯牛病全称为“牛海绵状脑病”，是一种发生在牛身上的进行性中枢神经系统病变，症状与羊瘙痒症类似，俗称“疯牛病”。此病不但可直接传染，而且可以跨物种传染，其他物种如猪、羊、鸡甚至人亦有可能受到直接感染。

为了预防疯牛病，保障我国人民身体健康和生命安全，卫健委和国家出入境检验检疫局联合发布公告：禁止进口和销售来自疯牛病国家的以牛肉、牛组织、牛脏器等为原料生产制成的食品；禁止邮寄或旅客携带来自疯牛病国家的上述物品或产品入境，一旦发现，即行销毁。

5. 非洲猪瘟

非洲猪瘟是由一种急性且传染性很高的滤过性病毒所引起的猪病，与猪瘟一样，都只感染猪，不感染人和其他动物。它们的传染源、传播途径和感染生猪后引起的症状都基本相同，都有典型的发热症状。但非洲猪瘟危害更大，有全球爆发之势。

被非洲猪瘟感染的生猪多表现为食欲减退、高温、心跳加快、呼吸困难、皮肤发绀和出血等。发病过程短，最急性和急性感染死亡率几乎高达100%。非洲猪瘟潜伏期4~19天，部分感染生猪甚至可能未出现任何异常就直接死亡。非洲猪瘟病毒能在非高温条件下长期存活，譬如在冷冻肉中可存活数年，在半熟肉及未经高温烧煮的火腿或香肠中存活约半年。

非洲猪瘟的国际跨境传播，主要通过生猪及其产品国际贸易和走私，国际旅客携带的猪肉及其产品，国际运输 工具上的厨余垃圾，野猪迁徙。

非洲猪瘟疫情源于非洲，整个非洲大陆也成为非洲猪瘟最早的重灾区，这是“非洲猪瘟”名称的由来。世界上最早报道的非洲猪瘟疫情发生在肯尼亚，时间在1921年。由于撒哈拉沙漠的阻隔，在最初爆发后的半个多世纪里，疫情都只在撒哈拉以南的非洲国家传播。20世纪中叶后，航海、航空技术日渐发达，各大洲人员贸易往来频繁，非洲猪瘟开始在欧洲、美洲和亚洲蔓延。1957年，一趟航班从非洲安哥拉飞往欧洲葡萄牙，飞机上残余的猪肉制品被当成泔水，送往葡萄牙一家养猪场。当年，葡萄牙首次发生非洲猪瘟疫情，这是非洲猪瘟首次在欧洲发生。在美洲，古巴1971年出现非洲猪瘟疫情，起因是有旅客携带未经检疫的香肠入境，成为非洲猪瘟在当地爆发的源头。

2007年，格鲁吉亚卫生部门首次报告发现非洲猪瘟，源头可能是流入境内的被污染的猪肉制品。随后，非洲猪瘟传入俄罗斯、乌克兰、波兰等欧洲国家，蒙古、朝鲜、越南、缅甸、老挝、柬埔寨、日本等亚洲国家也先后发现了非洲猪瘟。非洲猪瘟病毒用了近百年的时间走出非洲，在几乎整个亚欧大陆和美洲部分地区留下了自己的影踪。

研究证实，2018年传入我国的非洲猪瘟是基因II型非洲猪瘟病毒，与格鲁吉亚、俄罗斯、波兰公布的毒株全基因组序列同源性高达99.95%左右。

由于现在还没有发明能防止非洲猪瘟传播的疫苗，因此在疫情发生后，在划定的疫区内，生猪必须全部被扑杀并进行无害化处理，这是目前阻止这种疫病传播的有效方式。

拓展：
禽畜传染病的主要类型

家禽、家畜的传染病，由寄生虫或细菌、病毒等微生物引起。有不少禽畜传染病能与人互传。例如，由寄生虫引起的血吸虫病，是人或牛、羊、猪等哺乳动物感染了血吸虫引起的传染病。又如，由细菌引起的结核病是由结核分枝杆菌引起，不但人会患此病，还有多种哺乳动物、禽类也可以感染结核病。再如，由病毒引起的狂犬病是人犬互传的病，禽流感也是人、畜、禽共患的传染病。2019年底新出现的新冠肺炎病毒引发的新冠肺炎，人传人很厉害，还出现了市场、物流等“第一接触点”的人员“物传人”的感染方式。是否能与畜、禽互传？还有待临床观察。

为了预防和消灭家畜家禽传染病，保护畜牧业生产和人民身体健康，国务院专门制定了《家畜家禽防疫条例》。条例不但对饲养、防疫有详细规定，对屠宰、销售也有具体要求，还专门列出了人畜共患的传染病处理办法。

训练项目8 医护人员自我防护

医护人员的职业特点要求医护人员必须十分重视自我保护，一是工作中有被传染病感染的可能，二是工作中有遇到病人、病人家属或“医闹”骚扰或施暴的可能。

一、对传染病的防护

1. 传染病及其传染途径

传染病是由病原体侵入人体所引起的具有传染性的疾病，在一定条件下可广泛流行。病原体是引起疾病或传播疾病的媒介的总称，大部分是微生物，例如病毒、细菌、真菌；小部分为寄生虫，例如血吸虫、疟原虫。目前正在全球肆虐的新冠肺炎是由新型冠状病毒引发的。

传染病在人群中传染的主要途径有四种：呼吸道、消化道、血液、体表。

2. 传染病的预防和管控

传染病的传播有三个环节，即传染源、传播途径、易感人群。只要切断其中的一个环节，就能控制传染病的传播。预防传染病发展，即防止传染病扩散，有三种主要预防措施：控制传染源，切断传播途径，保护易感人群。如果同时采取三种管控措施，防止传染病扩散的效果就更好。

传染源是指病原体已经在体内生长、繁殖并能传播病原体的人和动物甚至物品。传染病发生后，追溯传染源非常重要。例如，新冠肺炎发生后，对发现的确诊者和疑似者及其接触过的人和物品，都要追踪查清，及时隔离或处理。无症状感染者是无临床症状、呼吸道等标本新型冠状病毒学检测阳性者，即病原体已经侵入人体，但没有发病，没有发热、咳嗽、乏力等临床症状。虽然无症状感染者传染性比有症状者弱，但因不易发现，其传染性应该特别引起警惕。

传播途径是指病原体离开传染源到达其他人所经过的途径或各种生物。切断传播途径，必须及时果断。例如，新冠肺炎发生后，及时封闭一些社区甚至城市，不许聚会和随意流动，对相关区域进行严格消毒等。在日常生活中，注意个人卫生、环境卫生，都是切断传染途径的重要手段。

易感人群是指因工作或生活，与确诊者有来往的人，特别是包括医护人员在内的传染病防护工作者，以及老人、儿童或体弱者。易感人群也指对某种传染病缺乏特异性免疫力的人群。

病原体侵入人体后是否发病，取决于人体的免疫功能。预防接种能提高人体免疫功能，是预防传染病的有效措施。接种的疫苗称为抗原，接种后抗原进入人体，刺激淋巴细胞产生抗体，抗体和抗原结合，可以促进吞噬细胞的吞噬作用，使病原体失去致病性，增强人体的免疫能力，可以有效地预防传染病的扩散，是保护易感人群的有效措施。但疫苗针对性很强，大多专门防止一种传染病。针对新产生的传染病的专用疫苗，要经过研发和多轮临床检验，才能批量投产、分批注射。

传染病漫延程度与经济社会发展、政府管控、百姓配合密切相关。随着我国人民生活水平的不断提高及医学科学的发展，预防、医疗、保健体制的不断完善，许多经典传染病已得到基本控制，发病率大幅降低。在全球性的新冠肺炎疫情暴发中，由于中国政府管控措施有力，百姓遵法守纪，中国及时控制住了新冠肺炎疫情的漫延，并形成了有效的疫情防控机制。

3. 医护人员要有自我保护意识

随着现代医学的发展，医护人员接触电气、器械的机会越来越多，在医院参加实训和从业，自我保护除了与传染病有关以外，也涉及化学品、机电等方面的安全。医护人员在日常工作中，要对自己采取严格的自我保护。

国家十分重视对医护人员的保护，医生以及护理、药剂、化验等医务类工作岗位是与人的生命息息相关的职业，其独特的工作环境及服务对象，决定了这些岗位工作人员及实训学生自我防护的特殊性。

（1）对病区空气污染的防护

医院是空气污染相对严重的地方，在新冠肺炎这类呼吸道传染为主的传染病流行时，病毒和细菌就像是无形的杀手，时刻威胁着医护人员的身体健康。因呼吸道传染病是通过空气飞沫传播的，医护人员一定要戴好口罩。口罩的使用与保存如果不正确，不仅起不到防护作用，还会增加病毒、细菌进入人体的概率。在新冠肺炎流行期间，戴口罩、勤洗手是必要手段。

医护人员戴口罩，上缘应距下眼睑1厘米，下缘要包住下颌，四周要遮掩严密。不戴时应将贴面部的一面叠于内侧放置在无菌袋中。不要将口罩随便放置在工作服兜内，更不能将内侧朝外，挂在胸前。一般情况下，口罩使用4~8小时应更换一次。若接触严格隔离的传染病人，应立即更换。每次更换后用消毒洗涤液清洗。传染科医护人员的口罩应每天集中先消毒、后清洗、再灭菌。如果条件允许，提倡使用一次性口罩，4小时更换一次，用毕丢入污物桶内。

（2）对接触性细菌传染的防护

医护人员在为病人做护理、换药、输液、注射等操作时，手通过体表以及消化道污染的机会增加。因此，在工作期间严禁用手抓头、挖鼻孔、掏耳朵等，要掌握洗手的规范方法。

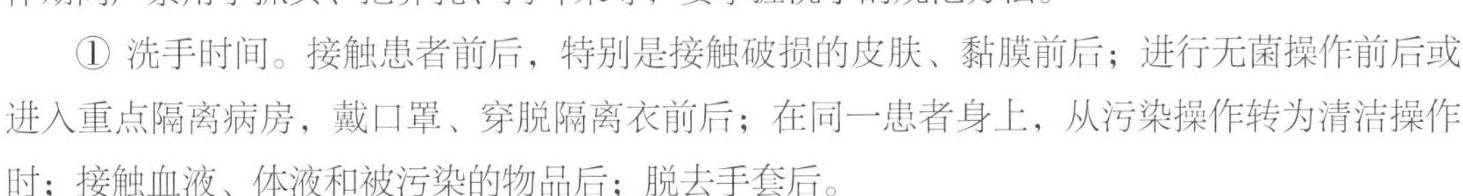
① 洗手时间。接触患者前后，特别是接触破损的皮肤、黏膜前后；进行无菌操作前后或进入重点隔离病房，戴口罩、穿脱隔离衣前后；在同一患者身上，从污染操作转为清洁操作时；接触血液、体液和被污染的物品后；脱去手套后。

② 洗手方法。医护人员在洗手过程中一定要规范认真，充分搓洗。注意克服不良习惯，如洗完手后随意在工作服上擦拭等。若手部接触传染病人或高度危险器械，尤其应注意彻底消毒。

戴手套是洗手的辅助手段，但必须及时更换手套，用同一副手套接触多个患者会增加交叉感染的机会。医护人员的工作服、工作帽及鞋都应每周洗刷消毒1~2次，医用笔、办公钥匙、手表以及工作卡等，都应每天用消毒液擦拭清洗一次。

（3）对体液、血液传染的防护

护理、化验等岗位是最容易接触病人血液和体液的人群，而且多为高度危险性接触。例如，艾滋病病毒职业暴露的暴露源，主要为体液、血液，或含有体液、血液的医疗器械、物品。护士为艾滋病病人打针、换药，化验员检验艾滋病病人的血样、排泄物，如果被各种锐器刺伤，都会让医护人员感染。因此，医护人员进行有可能接触病人体液、血液的诊疗和护理操作时，必须穿戴具有防渗透性能的隔离衣或者围裙，戴具有防渗透性能的口罩、防护眼镜和手套，脱去手套后立即洗手，必要时进行消毒。

打开玻璃安剖（针剂瓶）时，用棉球垫于安剖与手指之间，用力均匀适当；对各类针头、刀片等利器，使用后应装入坚固不渗漏的容器内集中储存处理；使用过的利器在传递中应用金属容器盛放。含有体液、血液的医疗器械、物品发生血液、体液飞溅到医务人员的面部时，溅到眼中应立即用消毒滴眼液清洗和保护；溅到工作服或各种私有物品上时，应及时用3%过氧化氢溶液消毒并除去血渍。

发生职业暴露后的处理措施。用肥皂液和流动水清洗污染的皮肤，用生理盐水冲洗黏膜。如有伤口，应当在伤口旁端轻轻挤压，尽可能挤出损伤处的血液，再用肥皂液和流动水进行冲洗；禁止进行伤口的局部挤压。受伤部位的伤口冲洗后，应当用消毒液，如：75%酒精或者0.5%碘伏进行消毒，并包扎伤口；被暴露的黏膜，应当反复用生理盐水冲洗干净。

医护人员发生艾滋病病毒职业暴露后，应接受医疗卫生机构的随访和咨询，即在暴露后的第4周、第8周、第12周及6个月时，对艾滋病病毒抗体进行检测，对所服用药物的毒性进行监控和处理，观察和记录艾滋病病毒感染的早期症状等。

使用后的锐器应当直接放入耐刺、防渗漏的利器盒，或者利用针头处理设备进行安全处置，也可以使用具有安全性能的注射器、输液器，以防刺伤。禁止将使用后的一次性针头重新套上针头套。禁止用手直接接触使用后的针头、刀片等锐器。

医护人员因工作在高危环境中，必须注意饮食结构，保持乐观情绪，加强锻炼，增强自身抵抗力，并按规定的免疫程序接种各种疫苗，如乙肝疫苗、流感疫苗等。

二、对放射损伤的防护

X射线损伤为医护人员最常见的放射损伤。长期接触X射线，会造成自主神经功能紊乱、造血功能低下、晶状体混浊甚至诱发肿瘤等。

（1）距离防护。最有效减少射线的方法是增加距离。

（2）时间防护。医护人员，应尽量缩短接触X射线的时间，事先做好诊疗计划，安排好诊疗步骤。

（3）屏障防护。屏障防护可有效减少X射线对人体的伤害，医护人员尤其是放射科工作人员要注意穿着。

三、因医患纠纷引起的安全隐患及自我保护

暴力指故意利用身体的力度或强度，威胁个人或群体，导致或可能导致他人身体伤害、死亡、心理伤害、畸形或功能丧失的行为。发生在工作场所的暴力，特别是卫生保健服务行业的暴力事件比较多。医院内暴力常因病人或其家属与院方发生分歧而失去控制引起。

1. 针对医护人员暴力的特点

（1）暴力攻击目标直指医护人员。医护人员直接面对患者，长期处于紧张状态，身心疲劳，容易直接与病人及其家属发生矛盾，成为施暴的对象。

（2）容易发生暴力的地点和时间。医院中针对医护人员的暴力最常发生在急诊室、手术科室、精神病病房等地。

暴力最常发生于夜间、中午或人手不足时，病人长时间候诊、诊室过度拥挤、医护人员单独为病人治疗护理等时期，均是暴力易发时期。

2. 医护人员防止遭受暴力的措施

（1）提高服务意识和专业技能。高度的责任感是实现自我保护的关键。医护工作面对病人这一特殊的服务对象，如有过失会直接加重病人的痛苦，甚至危及生命，是影响医护质量的重要因素。医护人员要对业务精益求精，对工作高度负责。认真负责的作风是防止责任事故的关键。

医护人员应提高服务意识，满足病人的合理要求。在可能的范围内满足病人的需要，建立良好的医患关系。加强职业精神，提高自身素养。严格执行各项规章制度，加强工作责任心。

医护人员必须不断钻研和提高业务能力，提高为病人服务的技能。要精通基础理论、专业基础知识和基本技能，熟悉掌握各专科的诊疗护理要点，不断更新知识，主动接受继续教育，增加思维的深度和广度，提高突发事件的应急能力。

（2）学会用法律知识维护自身权益。认真学习《医疗事故处理条例》《中华人民共和国护士管理办法》《消毒管理办法》《中华人民共和国传染病防治法》等法律知识，做到知法、懂法、守法，规范诊疗行为。在保障病人合法权益的同时，善于充分阐述法律依据，拒绝病人的非法要求，学会用法律知识维护自身权益，避免医疗纠纷，维护正常医疗秩序。

在发生暴力事件后，要保留被暴力侵犯的证据。在治疗护理过程中，对病人及家属因输液、输血、注射等原因引起的不良后果，执行护士应立即保存实物，并向科主任、护士长汇报，同时向医务处汇报，医患双方共同进行封存和启封证据。

病历是医疗纠纷中的关键证据，书写应规范。护理记录是病历的重要组成部分，是护理过程的原始记录。护理记录的书写应遵循客观、真实、及时、完整及合法的原则。护理人员应具有法律意识，严格执行《病历书写基本规范》的要求，书写中注意衔接紧密，字迹工整、清楚，表述准确。书写时如出现错字、错句时，要在错字、错句下面划双线，不得用刮、涂、粘等方法掩盖或去除原来的字迹。书写完毕，由相应医务人员签名，实习医务人员书写的病历应当经过本医疗机构注册的医务人员审阅、修改并签名。

护理记录的内容、时间应与医生的记录相一致。如果护士在护理活动过程中无过失，但是由于护理记录的缺陷，破坏了护理记录的法律凭证作用，在医疗纠纷中也有可能承担责任。因此，提高护理记录的书写质量，防止护理记录中的缺陷，是减少护理纠纷和自我保护的重要措施。

见习护士和护生是非注册护士，不具备职业资格，只能在执业护士的严密监督和指导下，为病人实施护理。非注册护士进入临床前，应该明确自己法定的职责范围。

（3）增强心理素养，提高心理护理能力。医护人员的职责是治疗疾病、保护生命、减轻痛苦、增进健康，为人类的健康事业尽人道主义义务。医护人员用自己的专业技能帮助病人减轻痛苦，使病人的生命延续或重获健康，也给其家人带来幸福和快乐。其中护理工作是知识、技术、爱心的结合。

护理工作对心理素养要求很高。护士心理活动往往表现在情绪变化上，面部表情对患者

有着直接的感染作用。护士必须保持积极的态度、和善的表情及举止，让病人有一种可亲可敬、可信的良好印象和安全感，不可因自己不稳定的情绪影响病人。护士必须具备同情心，对病情的观察要仔细、边观察边思考，判断和预感病人的痛苦和需要。

护理工作要善于对不同年龄、不同职业、不同情况的病人，进行针对性强的心理护理。例如，急性病人与慢性病人、住院病人与门诊病人、传染科病人与其他科室病人、重危病人与一般病人、年轻病人与高龄病人、男性病人与女性病人的心理不同，所需要的心理护理也不同。在护理岗位实训的人员，必须掌握有关心理护理知识，向带教老师虚心求教，在实践中积累心理护理的经验。

此外，护理工作特点造成护士心理压力比较大，要学会自我心理调节。掌握放松自己的方法，提高自身的适应能力，从容地面对压力，尽量减轻恐惧和紧张的心理，给自己创造一个轻松的工作环境。要充分利用空余时间进行放松，与外界人士广泛交流，保证充足的睡眠，可通过听一些舒缓的音乐，散步、体育锻炼等多种方式来缓解心理压力。通过发现护士在护理工作中的价值，保持心情舒畅的良好状态。

（4）提高沟通技巧。护士工作在临床第一线，与病人接触密切，护士的一言一行直接影响患者。病人来自各行各业，文化层次、职业差别很大，因疾病折磨，往往情绪低落，焦虑急躁。护士服务态度稍有不慎，或语言生硬或出言不逊，极易激怒病人，产生纠纷。

语言是人类心灵的窗口，护士应当使用治疗语言，以安慰性、理解性、保护性的语言，与病人进行交流。护士在沟通时应灵活掌握说话的艺术技巧，对病人应用尊称，以体现对病人的尊敬，使之增加对护理人员的信任，消除恐惧感。在谈话过程中注意面带笑容，态度温和，谈吐大方。用真挚而灵活的语言来回答病人的各种提问。

在护理操作治疗前，应认真履行告知义务，向病人解释治疗目的、用药后的疗效及有可能出现的不良反应等。对特殊治疗、护理、检查者，应认真执行同意签字手续，以维护病人的知情权。

对病人及家属所提出的疑问，应尽量用通俗易懂的语言，如实向病人及家属告知病情、治疗措施方案、医疗风险等。但要注意措辞，以避免不利后果。在与危重病人家属进行谈话时，一定要有第三者在场，充分利用旁证因素保护自己。

在暴力事件已经发生时，护士应控制情绪，在保护身体不受伤害的同时，坚持与病人或其家属耐心、无偏见地沟通，防止事件扩大。此外，护士可以通过学习相关案例来汲取经验教训，识别可能发生暴力的信号，学习一些适当的防卫技术。

训练自测

一、如果你学的是工科类专业，请结合自己所学专业，在机械伤害的八种基本类型中找出与即将从事的职业关系密切的种类，并收集事故案例

二、看图思考

1. 开车的"危险时段"：

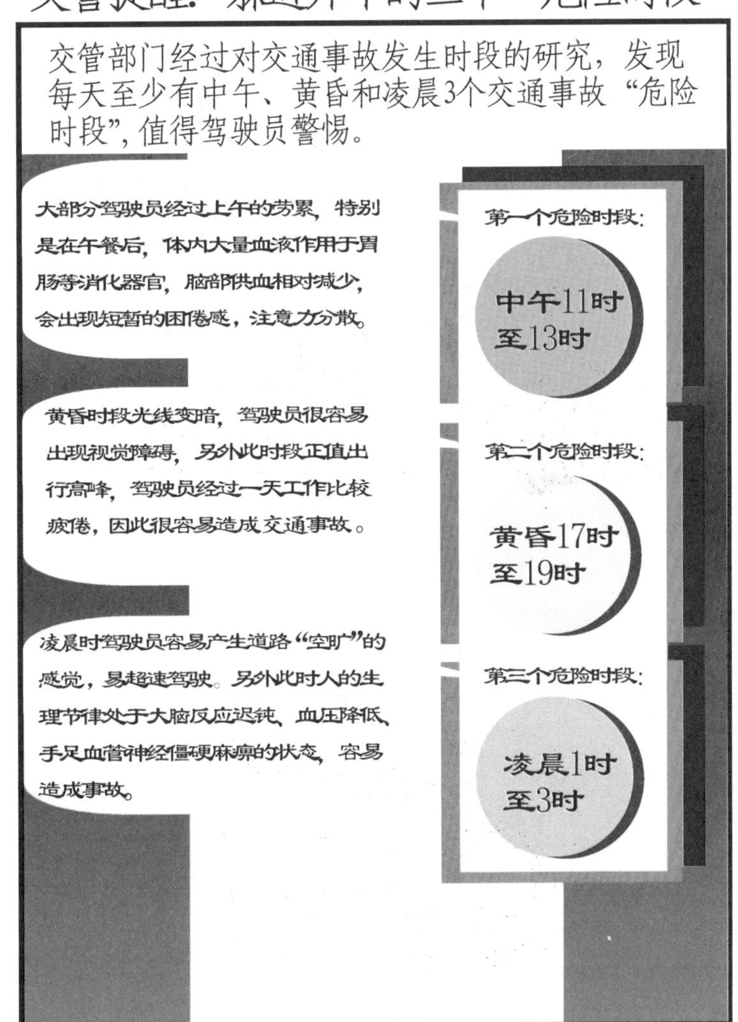

2. 图中工作人员使用安全带的方法对吗?

3. 为什么混凝土搅拌机要“停了再扒”?

4. 你不会成为他!

1

2

5. 你能成为他吗？

三、你能在网上找到下列安全要求吗？

1. 车削加工的安全要求。
2. 冲压机械操作安全要求。
3. 砂轮机操作安全要求。
4. 电焊、气焊操作安全要求。
5. 你即将从事的职业的安全要求。

四、练一练

思考：为什么要按以下次序穿脱防护装备？为什么先后次序不能变？

如果没有用连体衣防护服练习的条件，用简易防护装备练习时，要思考穿脱普通隔离衣与穿脱连体衣防护服次序安排的相同和区别。

按以下次序练习个人防护装备穿脱。

个人防护用品穿着顺序

个人防护装备穿脱次序标准操作规程如下:

● 穿着有普通隔离衣的个人防护用品顺序(在病房外，如有缓冲间应在缓冲间内完成):

(1)手部卫生(此时人员可穿着白大衣):(2)戴口罩;(3)戴一次性帽子;(4)穿普通隔离衣(后开口隔离衣);(5)穿鞋套;(6)戴护目镜(防护面罩);(7)戴手套(压住袖口)。

● 穿着有防护服(连体衣)的个人防护用品顺序(在病房外，如有缓冲间应在缓冲间内完成):(1)手部卫生(此时人员可穿着白大衣);(2)戴口罩:(3)戴一次性帽子;(4)穿防护服:脱卸自己的鞋，穿着连体防护服裤子，穿着长筒套鞋，穿着连体防护服袖子，戴上连体防护帽子，拉上拉链;(5)戴护目镜(防护面罩);(6)戴手套(压住袖口)。

个人防护用品脱卸顺序

● 脱卸有普通隔离衣的个人防护用品顺序:(1)拿住护目镜(防护面罩)的前部，摘除护目镜(防护面罩)(在病房外，如有缓冲间应在缓冲间内完成);(2)脱卸手套;(3)手部卫生(洗手为主);(4)脱卸隔离衣(解开背带，双手胸前交叉反脱隔离衣，将外层包裹在内);(5)脱卸帽子(一指伸入帽子内，摘除帽子);(6)脱卸鞋套;(7)手部卫生(洗手为主);(8)脱卸口罩(此步骤在病房或缓冲间外完成);(9)手部卫生(可先洗手，再含醇手消毒剂擦手)。

● 脱卸有防护服(连体衣)的个人防护用品顺序:(1)拿住护目镜(防护面罩)的前部，摘除护目镜(防护面罩)(在病房外，如有缓冲间应在缓冲间内完成);(2)解开拉链;(3)脱卸手套;(4)手部卫生(洗手为主);(5)脱卸防护服:脱卸连体服帽子(手指伸入帽子内完成)，脱卸连体服袖子(慢慢翻转连体服内层，将外层包裹在内)，脱卸连体服裤子，脱卸套鞋，脚穿入自己的鞋内;(6)手部卫生(洗手为主);(7)脱卸帽子(抓住帽子的顶部，摘除帽子);(8)脱卸口罩(此步骤在病房或缓冲间外完成);(9)手部卫生(可先洗手，再含醇手消毒剂擦手)。

特别强调:口罩是医务人员预防空气传播、飞沫传播等疾病中最重要的个人防护用品，必须记住口罩始终是第一个穿戴，最后一个脱卸的个人防护用品。口罩应在认为自己已处于安全的地方脱卸。脱卸应切记动作轻柔、熟练，防止污染自身与环境物体表面，严禁无个人防护的人员在场。

五、所有专业的学生在教师指导下阅读并思考。

1. 阅读P85“[拓展]禽畜传染病的主要类型”，和P85“[训练项目8]医护人员自我防护”中有关传染病的段落，浏览本页医护人员“练一练”中防护用品穿着顺序，思考在日常生活中为什么要做好个人卫生和环境卫生，在疫情扩散期间必须采取哪些措施。

2. 在网上搜索中国在新冠肺炎疫情发生以来的有关资料，简要说明中国在疫情发生后采取了哪些措施，疫情在2021年初又有哪些变化，我们每个人在疫情中如何做，才能保护好自己、配合好疫情防控工作。

第四单元 职业健康与职业病

训练目标

1. 通过对职业与健康的关系以及职业健康内涵的了解，明确健康是获得职业生涯成功的基础，引导学生重视健康问题，提高养成健康习惯的自觉性。

2. 通过对广义和狭义职业病、《中华人民共和国职业病防治法》以及现代职业病的初步了解，知道工作环境中存在危害人体健康的因素，提高学习预防职业病常识的积极性。

训练项目1 健康与职业生涯发展

一、职业与健康

1. 什么是职业健康

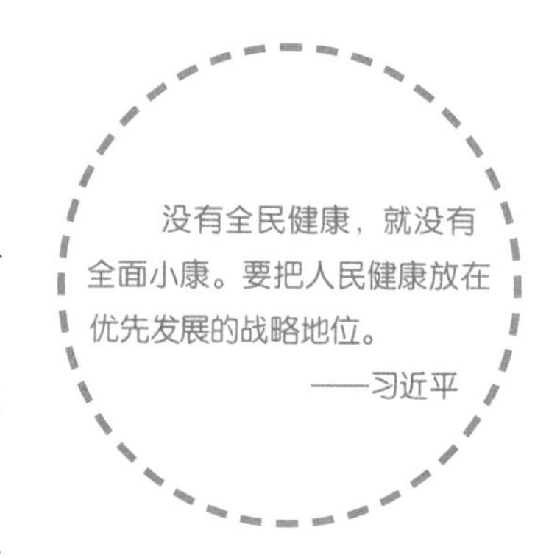

职业健康是健康在职业活动中的体现。似乎人人都知道什么叫健康，如有不少人认为没病就是健康，有人觉得吃得饱、睡得着就是健康，但其实这些看法都不全面。我们应树立三维健康观："健康不仅是没有疾病或不虚弱，而是身体的、精神的健康和社会幸福的完满状态。"而职业健康就是三维健康观在职业活动中的体现。

对三维健康观，应从两方面理解：一是"没病"与"身体上的完好状态"之间不能画等号；二是不仅强调个人身体的完满状态，还从心理和社会适应方面强调个人与社会的相互影响质量，突出了公共群体的社会性。也就是说人只有在身体、心理和社会适应三个方面，都达到了人体内部身心之间、人体与自然环境之间、人体与社会环境之间的和谐的动态平衡，才叫"健康"。

职业健康在"健康"前面加了"职业"的限定词，因为职业健康是在职业活动中的健康，它不仅体现于从业者个人的职业活动中，而且体现为行业和用人单位要以促进、维持劳动者生理、心理及社交处在最好状态为目标，为从业者提供有利于他们生理、心理健康的工作环境，保护从业者的健康不受职业危害的影响。

链接 衡量健康的具体标志

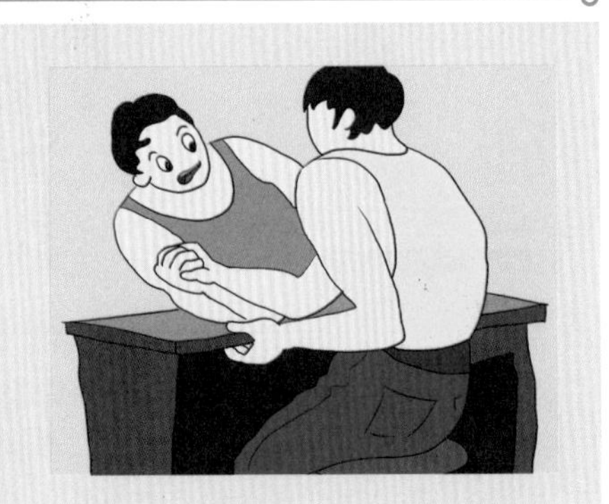

（1）精力充沛，能从容不迫地应对日常生活和工作；

（2）处事乐观，态度积极，乐于承担任务不挑剔；

（3）适当休息，睡眠良好；

（4）应变能力强，能适应各种环境的变化；

（5）对一般感冒和传染病有一定抵抗力；

（6）体重适当，体态匀称，头、臂、臀比例协调；

（7）眼睛明亮，反应敏锐，无眼部疾病；

（8）牙齿清洁，无缺损，无疼痛，牙龈颜色正常，无出血；

（9）头发光洁，无头屑；

（10）肌肉、皮肤富有弹性，走路轻松。

2. 职业活动为健康提供保证

健康可以分为三个层次：第一层次（一级健康或躯体健康），即无饥寒、无病弱、无伤残，能精力充沛地生活和劳动，有基本的卫生条件，具有基本的预防和急救知识；第二层次（二级健康或身心健康），即有一定的职业及收入，能满足相应生活的消费要求，能自由地生活，并享有较新的科技成果；第三层次（三级健康或主动健康），即能主动地追求健康的生活方式，调节情绪以缓解社会与工作的压力，能为社会作贡献。

试一试

评价一下自己的健康水平

有学者提出了描述人体健康状况的"五快"：吃得快、走得快、说得快、睡得快、便得快。这是说如果一个人食欲好，消化能力好，思维敏捷，反应能力强，神经系统功能好，就可基本反映出他的身体是健康的。还有学者提出了心理健康的"三良好"，即良好个性、良好处世能力、良好人际关系，简练扼要地把心理、社会适应方面的完好状态做了说明。

根据上文提出的健康概念和具体标准，评价一下自己的健康水平。

每个人健康的三个层次，均需要一定的物质保证。除社会保障外，主要来自于本人或家人的收入，主要是本人或家人从事职业劳动的报酬。如果一个成年人没有收入，他个人及其家人三个层次的健康均难以保障。

二、健康是职业生涯成功的基础

每个人都希望自己有一个成功的职业生涯，而健康是职业生涯成功的基础。

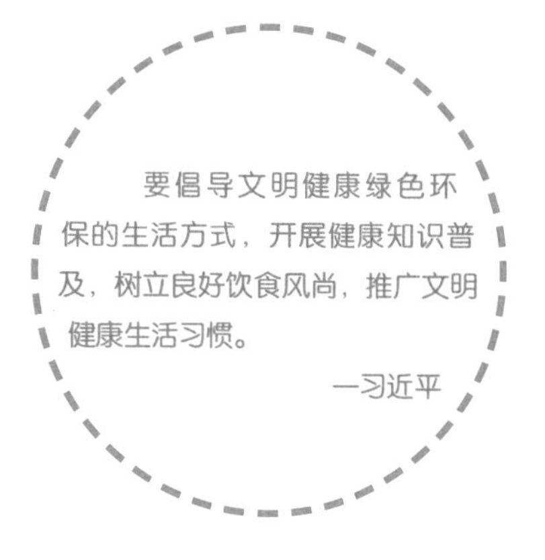

1. 健康是成功职业生涯的必要前提和条件

健康是在激烈竞争中能够就业的必要前提。就业是职业生涯的起点，青年人总要走出学校，步入社会，谋求一份职业。用人单位希望聘用什么样的人呢？我国一位著名企业家在召开本企业人力资源开发部工作会议时，对招聘新员工的素养提出了要求，他意味深长地写下了一串数字“1000 000”。他用“1”代表健康的身心，6个“0”从左至右依次表示品行和敬业精神、阅历、情商、智商、学识、专业技能。没有了健康的身心即没有“1”，所有的“0”都失去了意义。更何况排在前3位的“0”所代表的含义，也都与健康有关。也有人用“100 000”来表示人生法则，“1”代表健康，后面的5个0代表金钱、事业、地位、家庭、幸福。有了“1”，后面的5个“0”才能存在；没有“1”，后面的“0”就没有意义。

健康是获得职业生涯成功的必要条件。有了强健的体魄和健康的心态，才有精神去完成学业和工作。在几十年漫长的职业生涯中，只有身心健康的从业者才能获得成功的职业生涯。

世界卫生组织（WHO）曾在1953年提出了“健康是金子”的宣传主题，希望人们像对待金子那样珍爱生命。其实，健康比金子还珍贵，因为金子可以“千金散尽还复来”，而健康却是“一江春水向东流”。俗话说“留得青山在，不怕没柴烧”“小康不小康，首先看健康”，说得也是这个道理。一旦失去了健康，就失去了工作和赚钱的资本。

2. 良好卫生习惯和文明生活方式是健康的基础

良好的卫生习惯和文明的生活方式，是健康的基础。要在学生时代就养成良好的卫生习惯和文明的生活方式，在职业生涯起步之际，要做到对社会陋习不随波逐流，洁身自好，坚持文明生活方式，使职业生涯发展全过程有一个坚实的基础——健康。

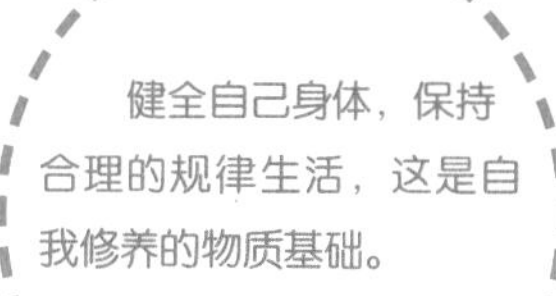

年轻人往往觉得自己“身体倍儿棒，吃嘛嘛香”，还有人认为“40岁以前用命换钱，40岁以后用钱换命”，认为健康是老年人才关心的话题。其实，良好卫生习惯是在青少年时期养成的，文明生活方式是在青少年时期奠定的，健康的基础是在青

少年时期形成的。许多中老年人的病，实际是在青少年时期缺乏健康常识留下的隐患。

健康是人类永恒的追求，健康是生命真正的春天，健康是社会最大的财富，健康是人类的无价之宝。只有健康的人才能在职业活动中有充沛的精力，才能在激烈的竞争中取胜，才能获得梦寐以求的职业生涯的成功。

训练项目2 职业病与职业病防治法

职业病是危害从业者健康的重要原因，职业病的防治日益受到重视。由于职业病易防、不易治，所以中职生应根据所学专业，结合即将从事的职业及相关职业群特点，掌握预防职业病的方法。

一、职业病和职业危害因素

1. 什么是职业病

任何职业，都有特定的工作环境，有些职业环境中存在危害人体健康的因素。职业病是指企业、事业单位和个体经济组织等用人单位的劳动者在职业活动中，因接触粉尘、放射性物质和其他有毒、有害因素而引起的疾病。

职业病有广义和狭义之分，医学上所称的职业病泛指因职业性有害因素而引起的疾病，是广义的职业病；而法律意义上的职业病则是狭义职业病，指有关法律法规中明确列出的职业病。

链 接 我国职业病概况

2017年，全国共报告各类职业病新病例26 756例。职业性尘肺病及其他呼吸系统疾病22 790例，其中职业性尘肺病22 701例；职业性耳鼻喉口腔疾病1 608例；职业性化学中毒1 021例，其中急、慢性职业中毒分别为295例和726例；职业性传染病673例；物理因素所致职业病399例；职业性肿瘤85例；职业性皮肤病83例；职业性眼病70例；职业性放射性疾病15例；其他职业病12例。

2018年全国共报告各类职业病新病例23 497例，职业性尘肺病及其他呼吸系统疾病19 524例（其中职业性尘肺病19 468例），职业性耳鼻喉口腔疾病1 528例，职业性化学中毒1 333例，职业性传染病540例，物理因素所致职业病331例，职业性肿瘤77例，职业性皮肤病93例，职业性眼病47例，职业性放射性疾病17例，其他职业病7例。

职业病分布行业广，中小企业危害重。从煤炭、冶金、化工、建筑等传统产业，到汽车制造、医药、计算机、生物工程等新兴产业，都不同程度地存在职业病。我国职业病目录认定的职业病涉及粉尘、急性和慢性化学中毒、职业肿瘤、职业传染病等10大类132种。

由于职业病具有群体性，致死、致残率高，难以治愈等特点，是重大的公共卫生问题和社会问题，造成了许多家庭、地区的不稳定，甚至引发诸多社会矛盾。如果不把职业病防治工作做好，不充分保护劳动力人群的健康，国家的劳动力资源就难以可持续发展，这将严重影响经济社会的持续发展。

2. 危害从业者健康的因素

在生产、劳动过程和生产环境中，存在的各种损害从业者健康的因素都是职业危害因素。它们对从业者健康的影响，统称为职业危害。职业危害因素的作用条件与接触机会、方式、时间和强度（浓度）有关。

职业危害因素按其来源可分为下列三类：

（1）生产工艺过程中产生的有害因素

——化学因素。主要有两种：一是有毒物质，如铅、汞、苯、氯、一氧化碳、有机磷农药等；二是生产性粉尘，如矽尘、石棉尘、煤尘、有机粉尘等。

——物理因素。大致可分五种：一是异常环境条件，如高温、高湿、低温；二是异常气压，如高气压、低气压；三是噪声、振动；四是非电离辐射，如可见光、紫外线、红外线、射频辐射、激光等；五是电离辐射，如X射线、Y射线等。

——生物因素。主要指附着在动物皮毛上的病毒、细菌，医护工作者可能接触到的生物传染性病原物等。

（2）劳动过程中的有害因素。劳动过程中有一些危害健康的因素，如劳动组织制度不合理，劳动作息制度不合理；精神性职业紧张，劳动强度过大或生产定额不当，安排的作业与劳动者生理状况不适应；个别器官或神经系统过度紧张，长时间处于不良体位或使用不合适的工具等。

（3）生产环境中的有害因素。有些职业的生产环境存在危害从业者健康的因素，如自然因素，炎热季节的太阳辐射；厂房结构或布局不合理，有毒工段与无毒工段安排在一个车间；由不合理生产过程所致的环境污染等。

3. 职业病发病的特点

第一，病因明确，控制病因或作用条件后，可消除或减少发病。

第二，所接触的病因大多是可检测和识别的，且其强度或浓度需达到一定的程度，才能使劳动者致病，一般接触强度（浓度）越大，机体反应越明显。

第三，接触同一有害因素的人群中，常有一定数量的发病，很少只出现个别病人。

第四，如能早期诊断、及时治疗、妥善处理，一般预后较好，康复比较容易。

二、职业病防治法

1. 国家对劳动者提供防治职业病的法律保护

《中华人民共和国职业病防治法》（以下简称《职业病防治法》）于2002年5月1日正式实施，2018年第四次修正。《职业病防治法》对职业病的前期预防、诊断，职业病人的保障，劳动过程中的防护与管理和监督检查等内容都做了明确规定。颁布《职业病防治法》，是为了预防、控制和消除职业病危害，保护劳动者的健康权益，用法律手段来规范、监督用人单位，重视维护职工健康生命权。

2018年12月29日颁布第四次修正的《中华人民共和国职业病防治法》，明确了我国“职业病防治工作坚持预防为主、防治结合的方针，建立用人单位负责、行政机关监管、行业自律、职工参与和社会监督的机制，实行分类管理、综合治理”。

第十四条规定：“用人单位应当依照法律、法规要求，严格遵守国家职业卫生标准，落实职业病预防措施，从源头上控制和消除职业病危害”，明确了用人单位职业病防治的责任。

第三十九条明确了劳动者享有下列职业卫生保护权利：（一）获得职业卫生教育、培训；（二）获得职业健康检查、职业病诊疗、康复等职业病防治服务；（三）了解工作场所产生或者可能产生的职业病危害因素、危害后果和应当采取的职业病防护措施；（四）要求用人单位提供符合防治职业病要求的职业病防护设施和个人使用的职业病防护用品，改善工作条件；（五）对违反职业病防治法律、法规以及危及生命健康的行为提出批评、检举和控告；（六）拒绝违章指挥和强令进行没有职业病防护措施的作业；（七）参与用人单位职业卫生工作的民主管理，对职业病防治工作提出意见和建议。

《职业病防治法》还有多条保护职业病病人的规定。例如：第五十七条明确“职业病病人的诊疗、康复费用，伤残以及丧失劳动能力的职业病病人的社会保障，按照国家有关工伤保险的规定执行”；第五十八条规定“职业病病人除依法享有工伤保险外，依照有关民事法律，尚有获得赔偿的权利的，有权向用人单位提出赔偿要求”；第五十九条规定“劳动者被诊断患有职业病，但用人单位没有依法参加工伤保险的，其医疗和生活保障由该用人单位承担”；第六十条规定“职业病病人变动工作单位，其依法享有的待遇不变”。

用人单位与劳动者在签订劳动合同时，将职业病危害告知劳动者，是劳动者享有的一项非常重要的权利。告知内容包括工作过程中可能产生的职业病危害及其后果，职业病防护措施和享有的待遇。用人单位应当将这些内容如实地告知劳动者，并在所签订的合同中写明，不得隐瞒或欺骗。

当劳动者在劳动合同有效期间变动工作岗位或工作内容发生变化时，特别是所从事的工作是原劳动合同中没有告知的且存在有职业病危害的类别时，劳动者可要求用人单位履行职业病危害告知的义务，并与用人单位进行协商，变更原劳动合同中相关的条款。

2. 职业健康检查是劳动者享有的权利

《职业病防治法》第三十五条规定：“对从事接触职业病危害的作业的劳动者，用人单位应当按照国务院卫生行政部门的规定组织上岗前、在岗期间和离岗时的职业健康检查，并将检查结果书面告知劳动者。职业健康检查费用由用人单位承担。”职业健康检查分以下三种：

（1）岗前的职业健康检查。这是指对从事存在职业病危害因素作业的劳动者进行上岗前健康检查。目的是断定劳动者的健康状况是否适合从事该项作业，是否有职业禁忌，是否有危及他人的疾患如传染病、精神病等从而为用人单位决定是否安排劳动者从事有职业病危害的作业提供客观证据。

（2）在岗期间的定期健康体检。这是指按一定时间间隔对从事有害作业的劳动者进行常规、必要的健康检查。目的是及时发现职业病危害因素对劳动者健康的早期影响，以及时诊断和处理，对疑似患者可进行观察，对发现有职业禁忌的劳动者或有与职业相关的健康损害者及时调离，安排适当的工作。

（3）离岗时的健康检查。是指劳动者在离岗前对其进行全面的健康检查。体检的内容与项目根据劳动者所从事的岗位、工种中所存在的职业有害因素情况，有针对性地选择，目的是了解和判断该劳动者从事该有害作业若干时间后，目前的健康状况和变化是否与职业病危害因素有关。

3. 怀疑自己患了职业病应该怎么办

劳动者如果怀疑自己患了职业病，应当及时到当地卫生部门批准的职业病诊断机构进行职业病诊断。职业病诊断和鉴定按照《职业病诊断与鉴定管理办法》执行。诊断职业病的主要依据有职业接触史、体检和化验结果、卫生部门的生产环境调查资料和平时健康检查、疾病资料等。

劳动者对具有职业病诊断资质的医疗卫生机构出具的职业病诊断报告存在异议的，可将个人职业相关资料准备齐全，在30日内向卫生行政部门申请鉴定。当事人如对该鉴定不服，可以在15日内到省级卫生行政部门申请再鉴定。

诊断为职业病的，可到当地劳动保障部门申请伤残等级，并与所在单位联系，依法享有职业病治疗、康复以及赔偿等权利。用人单位不履行赔偿义务的，劳动者可以到当地劳动保障部门投诉，也可以向人民法院起诉。

链 接 职业病防治的法律保障

2018年12月29日，第四次修正的《中华人民共和国职业病防治法》颁布，明确了我国“职业病防治工作坚持预防为主、防治结合的方针，建立用人单位负责、行政机关监管、行业自律、职工参与和社会监督的机制，实行分类管理、综合治理”的方略。

第十四条规定“用人单位应当依照法律、法规要求，严格遵守国家职业卫生标准，落实职业病预防措施，从源头上控制和消除职业病危害”，明确了用人单位职业病防治的责任。

第三十九条明确了劳动者享有下列职业卫生保护权利：（一）获得职业卫生教育、培训；（二）获得职业健康检查、职业病诊疗、康复等职业病防治服务；（三）了解工作场所产生或者可能产生的职业病危害因素、危害后果和应当采取的职业病防护措施；（四）要求用人单位提供符合防治职业病要求的职业病防护设施和个人使用的职业病防护用品，改善工作条件；（五）对违反职业病防治法律、法规以及危及生命健康的行为提出批评、检举和控告；（六）拒绝违章指挥和强令进行没有职业病防护措施的作业；（七）参与用人单位职业卫生工作的民主管理，对职业病防治工作提出意见和建议。

《职业病防治法》还有多条保护职业病病人的规定。例如：第五十七条明确“职业病病人的诊疗、康复费用，伤残以及丧失劳动能力的职业病病人的社会保障，按照国家有关工伤保险的规定执行”；第五十八条规定“职业病病人除依法享有工伤保险外，依照有关民事法律，尚有获得赔偿的权利的，有权向用人单位提出赔偿要求”；第五十九条强调“劳动者被诊断患有职业病，但用人单位没有依法参加工伤保险的，其医疗和生活保障由该用人单位承担”；第六十条指出“职业病病人变动工作单位，其依法享有的待遇不变”。

训练项目3 现代办公条件引起的新型职业病

坐办公室会得新型职业病，即“现代职业病”“高科技病”“白领综合征”。新型职业病对人的损害有两大类，即对生理即身体的损害、对心理及神经的损害。此类职业病不属于《职业病防治法》中规定的法定职业病。

一、预防计算机对人体的危害

计算机可以危害人体健康，一般表现为以下四个方面：

1. 微波危害及预防

计算机的低能量X射线和低频电磁辐射，长时间使用可引起人的中枢神经失调，会导致流涕、眼睛痒、颈背痛、短暂失忆、暴躁、抑郁，甚至癌症。对女性来说，还会出现痛经、经期延长等症状，乳腺癌的发病率比一般人要高出30%左右，少数孕妇还可能早产或流产。

长期从事计算机操作、程序编制的人员，常会因中枢神经失调引起头痛、失眠、心悸、厌食、恶心以及情绪低落、思维迟钝、易怒、常感疲乏等。

减轻计算机微波辐射的最好方法就是与它保持距离，最安全的摆放方式就是将计算机背面靠墙放，每台计算机之间的距离在1米以上。实在没有空间的，人与计算机背面的距离也要保持在1米以上。如上机时间过长，每过1～2小时要离开15～30分钟，站起来休息一下，望望窗外，呼吸新鲜空气。多喝茶，茶叶中的茶多酚等活性物质，有利于吸收与抵抗放射性物质。

2. 视力危害及预防

使用计算机，眼睛最容易受到侵害，尤易会引起青少年近视和睫状肌痉挛。眼睛长时间盯着一个地方，眨眼次数仅及平时的1/3，会减少眼内润滑剂的分泌。长期如此，除了会引起眼睛疲劳、重影、视力模糊，还会引发其他不适反应。

预防方法是在荧屏前应多眨眼，以增加泪腺分泌，滋润眼睛。最有效的方法是适当休息，多吃含维生素A的食物，补充视网膜上的视紫红质，如胡萝卜、白菜、豆芽、豆腐、红枣、橘子、牛奶、鸡蛋、动物肝脏、瘦肉等。

小资料：

干眼症

干眼症是指由眼泪减少或泪腺功能下降导致眼部干燥的综合征，严重的干眼症会导致角膜上皮的损伤。调查结果显示，经常使用电脑的人中，经诊断有31.2％的人患有干眼症，学生每次放假回校，干眼症发病率高达44％。

3. 组织伤害及预防

操作计算机时重复、紧张的动作，会损伤某些部位的肌肉、神经、关节、肌腱等组织。除了腰背酸痛外，患上腕管综合征者，还会手腕疼痛、麻痹，甚至延伸至手掌和手指。

多运动是克服这种计算机职业病的最有效的方法。运动量不需要太大，散步、举哑铃等轻微的运动皆可，经常改变体位，避免长时间一种姿势工作，把桌椅调整到适合自己的高度，都能收到良好的效果，重要的是持之以恒。合适的高度应是坐在椅子上时，肘部和键盘的连线与地面平行，计算机显示屏在距视线略低一点的地方，保证看显示屏时，脖子微微向上倾斜，切忌仰视。坐下后，双脚应平放地面，椅子应平稳，背部应感觉舒适。

4. 呼吸系统危害及预防

现代办公设备会释放有害人体健康的臭氧气体，其主要元凶是计算机、打印机等。这些臭氧气体不仅有毒，而且可能造成某些人呼吸困难。对于那些哮喘病和过敏症患者来说，情况就更为严重了。另外，较长时间待在臭氧气体浓度较高的地方，还会导致肺部发生病变。

预防方法是经常打开门窗通风，放置小型空气净化器或绿色植物，改善室内空气质量。打印机也会产生刺激性气体，刺激鼻子和气管，应尽量避免长时间接触。

二、预防空调环境中的疾病

1. 空调引发疾病的原因

现代化企业的许多厂房，为了防止灰尘等物质对精密仪器、设备和加工过程的影响，往往十分重视车间的密闭，并采取空调来控制恒温。写字楼、大型商场更是普遍采用中央空调。在这些使用空调的环境里工作，空调通风管线内的细菌、复印机飘出的粉尘、人体呼出的二氧化碳和墙面油漆溢散的甲醛，都可能是侵害工作人员健康的元凶。不注意保健，也会生病。此类疾病危害因素主要有三种：

（1）污浊空气对人体健康的危害。污浊空气的来源：一是室内装潢材料中的有毒物质，二是各种设备运转过程中产生的有害物质，三是众多工作人员呼出的废气。许多室内空气污染物都是刺激性气体，比如二氧化硫、甲醛等，这些物质会刺激眼、鼻、咽喉以及皮肤，引起流泪、咳嗽、喷嚏等症状。在污染的空气中长期生活，甚至会引起呼吸功能下降、呼吸道症状加重，有的还会导致慢性支气管炎、支气管哮喘、肺气肿等疾病，肺癌、鼻咽癌患病率也会有所增加。

（2）汗腺关闭。长期在空调房间中会导致汗腺关闭，不出汗，影响正常的代谢和分泌，使人的抵抗力下降。

（3）病原体。污浊空气有利于病原体对人体的侵害。特别是通过空气传播的病原体，在密闭空间容易形成一定密度，人的抵抗力一弱，就容易致病。如开窗通风是预防新冠病毒的重要手段，其原因就在于空气流通能减少新冠病毒的密度。

2. 空调引发疾病的预防

为了防止上述危害，除了采用控制污染源、改善通风、使用空气净化器补充新鲜空气和经常清洗空调过滤罩以外，工作人员还应安排适当的室外活动，但要注意，不要满头大汗地直接进入有空调的工作环境。

小资料：

空调“吹”出感冒来

通常，人们都认为感冒多发于冬春季节，而忽视了夏季感冒。医护人员指出，大部分的夏季感冒都是因为从高温环境下突然进入温度较低的空调室内或过度冲凉，使血液受到冷却而反射性引起鼻子和喉咙缺血，导致抵抗力减弱，感冒病毒乘虚而入引起的。夏季感冒患者的主要症状有，发烧、心烦、出汗、口渴思饮、四肢乏力、头痛头晕、胃肠不适等。

夏季天气炎热，长时间地吹电扇、空调，或过多地吃西瓜冷饮，都易引起感冒。预防方法除了加强身体锻炼，注意饮食调节，保证足够的睡眠时间外，还要注意不可过于贪凉，特别是不要长时间使用空调、电扇等。感冒患者应增加睡眠，多休息、多喝白开水，一般一周左右就可恢复。

三、预防颈椎病

1. 引发颈椎疾病的原因

长期从事财会、写作、编校、打字、文秘等职业的工作人员，由于长期低头伏案工作，颈椎长时间处于屈曲位或某些特定体位，不仅使颈椎间盘内的压力增高，而且也使颈部肌肉长期处于非协调受力状态，颈后部肌肉和韧带易受牵拉劳损，椎体前缘相互磨损、增生，再加上扭转、侧屈过度，更进一步导致损伤，容易发生颈椎病。

2. 怎样预防颈椎病

办公室工作人员首先应尽可能保持自然的端坐位，头部略微前倾，保持头、颈、胸的正常生理曲线；还可升高或降低桌面与椅子的高度差以避免头颈部过度后仰或前屈；此外，采用与桌面成10°～30° 的斜面工作板，更有利于坐姿的调整。

对于长期伏案工作者，应在工作1～2小时后，有规律地让头颈部向左右转动数次，转动时应轻柔、缓慢，以达到该方向的最大运动范围为限；或行夹肩运动，两肩慢慢紧缩3～5秒，而后双肩向上坚持3～5秒，重复6～8次。

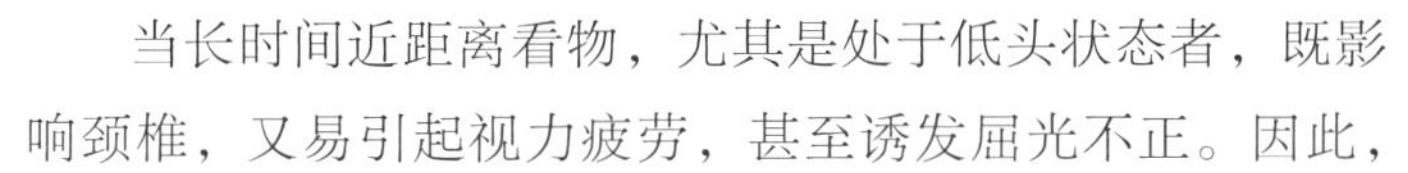

当长时间近距离看物，尤其是处于低头状态者，既影响颈椎，又易引起视力疲劳，甚至诱发屈光不正。因此，每当伏案过久后，应抬头向远方眺望半分钟左右。这样既可消除疲劳感，又有利于颈椎的保健。

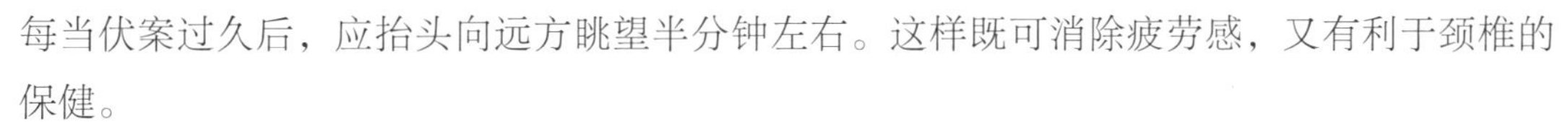

从上述三类现代职业病可知，在舒适的办公室里也有危害人体健康的因素，更何况在其他职业环境中呢？因此，劳动者要增强自我防护意识，中职生要结合自己所学专业，认真学习职业病的有关常识，学会自我保护的方法，以健康的体魄迎接职业生涯。

训练自测

一、上网搜索“职业病”，重点看看与你所学专业和即将从事的职业有关的案例

二、关注你周围人的职业健康

关心你周围的人，问问他们身上有没有因为工作而出现的疾病，或者感到不舒服的地方？你的父母、亲属、邻居或者其他人都是干什么工作的？他们中也许有生产一线的工人，也许有“面朝黄土背朝天”的农民，也许有坐办公室的工作人员，也许有教书育人的教师，也许有跑遍天南地北的生意人，也许有威武的军人……三百六十行，行行都有可能存在不利于健康的因素。

试着分析一下你周围的人是否有职业病，哪些属于广义的职业病，哪些属于狭义的职业病，可能是什么因素引起了这些病？能对这些人提出些防护建议吗？

三、学学议议

上网搜索《中华人民共和国职业病防治法》的最新版本，结合自己所学专业和即将从事的职业，和同学一起学一学、议一议。

四、阅读与思考

1. “坐”班者四大健康隐患

一是血液循环流通差。易导致静脉曲张等。女性还会因盆腔静脉回流受阻、淤血过多导致盆腔炎等妇科疾病。

二是颈椎关节麻烦大。久坐者的骨连接处会因无法产生足够的黏液而变得干燥，继而引发关节炎和颈椎病。

三是易引发心、脑血管疾病。久坐少动者，血液循环减慢，易导致心脏功能减退，血液在动脉中容易造成沉积，导致心肌衰弱，易患动脉硬化、高血压、冠心病等心血管疾病。

四是消化功能紊乱。久坐者每日正常摄入的食物聚积于胃肠，使胃肠负荷加重，长时间紧张蠕动得不到缓解，长此以往会出现胃及十二指肠球部溃疡等慢性疾病。

医学专家建议，凡因工作需要久坐的人，每天不要连续超过8小时，每隔2小时应进行一次约10分钟的活动，或自由走动，或做保健操，尽量避免疾病。

学生上课、做作业也经常坐着，你是否注意到了这些健康隐患？

2. 接触计算机的“七大注意”

如果你经常用计算机，请结合以下“七大注意”，反思自己用计算机的习惯，定出改进措施。

（1）注意养成良好的卫生习惯。计算机操作者不宜一边操作计算机一边吃东西，也不宜在操作室内就餐，否则易造成消化不良或胃炎。接触计算机键盘较多者，工作完毕应洗手以防传染病。

（2）注意保持皮肤清洁。应经常保持脸部和手部的皮肤清洁，因为计算机显示屏表面存在着大量静电，其集聚的灰尘可转射到脸部和手部的皮肤裸露处，时间久了，易产生斑疹、色素沉着，严重者甚至会引起皮肤病变等。

（3）注意补充营养。

（4）注意正确的姿势。操作时坐姿应正确舒适。应将计算机屏幕中心位置安装在与操作者胸部同一水平线上，眼睛与屏幕的距离应在40～50厘米，最好使用可以调节高低的椅子。在操作过程中，应经常眨眨眼睛或闭目休息一会儿，以调节和改善视力，预防视力减退。

（5）注意工作环境。计算机室内光线要适宜，不可过亮或过暗，避免光线直接照射在显示屏上而产生干扰光线。定期清除室内的粉尘及微生物，打扫卫生时最好用湿布或湿拖把，对空气净化器进行消毒处理，合理调节风量，更换新鲜空气。

（6）注意劳逸结合。一般来说，计算机操作人员在连续工作1小时后应该休息10分钟左右。最好到操作室之外活动手脚与躯干等，进行充分的休息。很多人感觉颈椎疼痛，活动头部会有所缓解。

（7）注意保护视力。保护好视力，除了定时休息、注意补充含维生素A类丰富的食物之外，最好经常远眺，做眼睛保健操，保证充足的睡眠时间。

五、看看议议

看看右图，查查《中华人民共和国职业病防治法》和其他有关法律法规，搜搜用人单位推卸职业病防治责任的案例，想想办法，为图中患了职业病的劳动者出出主意。

六、案例分析

1．职业健康由用人单位负责

王某在某县城办了一个家具厂，雇了十几个工人。小张是名喷漆工，在厂里干了三年。去年以来，小张经常感到头昏胸闷，想去医院检查一下身体。他向王某说了自己的身体情况，并要求由王某出钱去做体检。而王某只答应检查这天不扣小张工资，但体检费要小张自己出，小张因此没去做检查。过了一段时间，小张身体状况更加糟糕，终于去医院检查，X线透视检查、抽血化验等共用去检查费300元。检查结果显示，小张因长期接触油漆，导致肺部、脑受损而产生胸闷头昏。

王某不同意报销小张的检查费和治疗费。于是，小张申请了劳动仲裁机关仲裁。最后，当地劳动仲裁机关做出如下仲裁决定：小张身体检查费300元由王某承担。小张要求继续治疗的正常医疗费用也应由王某承担。不论企业所有制形式，职工在享受劳动安全保护、工伤、职业病待遇等方面都是一样的，都同样享受国家规定的社会保险、福利。而王某不同意报销小张的检查费是违反我国法律、法规的，不承担小张治疗职业病的费用也是与法律相抵触的。

请你上网搜索并阅读《中华人民共和国职业病防治法》，找出劳动仲裁机关做出上述仲裁的法律依据是哪一条。

2．计算机惹出的祸

小陈毕业后，应聘到一家软件公司做程序员，这个极富挑战性的职位不仅让陈军尽显才华，也使他获得了极为丰厚的经济回报。陈军年复一年地坐在屏幕前敲打键盘，捣弄出一套又一套含金量颇高的数据库，但也为此付出了健康的代价，眼镜的度数越来越高，脾气也变得有些古怪了，满脑子全是程序和术语，妻子与他吵架，他惊呼“内部程序错误”，儿子要他买的书忘带了，他给儿子一个莫名其妙的解释：“程序乱了”。下班回家第一件事就是摸计算机，对妻子和儿子视而不见，妻儿对他很不满意，夫妻间的摩擦逐渐增加了许多。妻子生病了，他不去关心，惹得妻子泪水涟涟，一气之下带儿子去了娘家，曾经幸福的三口之家只剩下小陈一人。

其实小陈内心也苦恼不已，多年的程序设计工作使他染上了职业病，腰弯得像大虾，眼睛眯成了一条缝，工作时间一长就感到脖子酸痛，医生说是颈肌劳损，要注意劳逸结合，可工作太忙哪顾得上这些“小毛病”。近年来，他开始失眠头痛，夜里睡不好觉，白天工作就打不起精神来。特别是最近，小陈被提升为开发部经理，部门里有十几个程序员，他的烦恼就更多了。小陈虽然是一个优秀的程序员，却不擅协调人际关系，习惯于用“是与否”来解释问题，不懂得如何与下属沟通，只会发布命令、强迫工作，因此与下属关系搞得很紧张。

你对这个案例的看法如何？我们应该从中吸取什么教训？

电脑从业人员应从哪些方面做好自我保健，减少职业病的发生？

“电脑病”属于法定职业病吗？

第五单元 职业危害与自我保护

训练目标

结合自己所学专业和即将从事的职业，选择以下相关训练目标：

1. 通过对职业中毒基本常识的了解，初步学会预防职业中毒的方法。
2. 通过对粉尘危害基本常识的了解，初步学会预防粉尘危害的方法。
3. 通过对高温危害基本常识的了解，初步学会预防高温危害的方法。
4. 通过对振动和噪声危害基本常识的了解，初步学会预防振动和噪声危害的方法。
5. 通过对电磁辐射、电离辐射基本常识的了解，初步学会预防辐射危害的方法。

训练项目1 职业中毒及防护

一、什么叫职业中毒

职业中毒就是在生产过程中接触有毒物质而引起的中毒。

职业中毒是比较常见的职业病。在一些鞋厂的生产线，能看到一种呈淡黄色、黏性强、气味冲鼻的胶水。因为价格便宜，很多鞋厂、箱包厂、家具厂、塑料制品厂以及玩具厂都在使用这种胶水做黏合剂。这种看上去很普通的胶水，会让使用者染上重病——类似于白血病的职业性苯中毒。一些企业在生产中大量使用有毒物品，却始终隐瞒其危害性，劳动者在毫不知情的情况下天天接触这些有毒物品，从而导致中毒。中职生要加强职业卫生知识，了解什么是职业中毒，在漫长的职业生涯中提高自我保护意识。

1. 常见的急性职业中毒

在生产劳动中，从业者在短时间内经呼吸道吸入高浓度毒物，或遭受严重皮肤污染，或事故性吞入了大量毒物，都能导致急性职业中毒。但有些毒物有一定的潜伏期，要在大量吸收数十小时后才出现中毒症状。在正常生产条件下，急性职业中毒很少发生，只有在突发性事故中才发生急性职业中毒。

容易引起急性职业中毒的常见毒物有：

（1）麻醉性毒物。如高浓度的苯、汽油、甲醇、乙醚等；

（2）窒息性毒物。如一氧化碳、硫化氢、氰化物等；

（3）溶血性毒物。如砷化氢、二硝基苯等；

（4）神经性毒物。如有机磷、四乙基铝等；

（5）致敏性毒物。如对苯二胺、甲苯二异氰酸酯等。

2. 常见的慢性职业中毒

如果劳动者长期在有毒物质严重超过国家卫生标准的环境下工作，毒物经过人体呼吸道、皮肤吸收后，日积月累，在人体内逐渐增加、积蓄并达到一定程度时，就会引起慢性职业中毒。

引起慢性职业中毒的常见原因一般为：生产设备年久失修，腐蚀严重，造成有毒物质外溢；不遵守安全生产操作规程或制度不健全；生产现场没有通风换气设施；不注意个人防护或个人安全措施不当。

容易引起慢性职业中毒的常见毒物有：

（1）有毒金属类。如慢性铝中毒、慢性汞中毒等；

（2）有机气体类。如慢性苯中毒、慢性氯丙烯中毒，慢性氯乙烯中毒等；

（3）刺激性气体类。常见的有氯气、氨气、氟化氢、二氧化硫及三氧化硫气体等；

（4）窒息性气体类。如一氧化碳、氰化氢气体等；

（5）有机磷农药中毒等。

小资料：

近年来我国职业中毒呈现三个特点

（1）苯中毒问题比较突出。近年来，苯中毒在急、慢性职业中毒中均居前列。建筑工地因防水作业导致的急性苯中毒事故屡有发生。箱包加工、制鞋和从事印刷等作业工人慢性苯中毒，造成再生障碍性贫血甚至死亡的已非个别事件。

（2）新的职业中毒形式不断出现。随着各种新材料、新工艺的引进，新的职业中毒形式不断出现。近年来在部分沿海地区相继出现了正已烷中毒、三氯甲烷中毒、二氯乙烷中毒等过去未曾出现的严重职业中毒和死亡病例。

（3）中小企业和个体作坊的职业中毒呈上升趋势。比如，小型矿山尤其是小型煤矿设备简陋，无机械性通风，加上常常违章操作，导致甲烷、一氧化碳、二氧化碳等混合性气体浓度增高，引起中毒窒息，造成严重伤亡。

二、职业中毒的防护

1. 企业应该采取的措施

（1）用无毒的物质来代替有毒或剧毒物质。如某些品种的电镀，可改为无氰电镀，消除电镀工人接触氰化物的危险和含氰废水的排放；在喷漆作业中，可采用抽余油（石油副产品）、甲苯或二甲苯代替苯作为溶剂。

（2）改革工艺过程。如某些化工生产可采用管道反应；制造水银温度计时，用真空冷灌法代替烤灌排气法，以控制汞蒸汽散发。又如将喷漆、油漆改为电泳涂漆，消除苯蒸气的危害。

当心有毒气体

将毒物的生产放在密闭的装置中进行，并加强设备管道的管理与维修，可以减少毒物的逸散，避免工人直接接触毒物。有些新建厂房已将毒物的运送、开桶、倾倒等环节全部机械化或管道化，并将毒性大的物质的反应釜密闭在单独的室内进行，密闭室内安装专用排风设备，操作者只需在密闭室外操纵电钮，这样可以基本防止毒物对工人的危害。

注意通风

（3）厂房建筑设计符合要求。建筑厂房时应根据《工业企业设计卫生标准》的有关规定进行设计和施工，注意防毒设施项目。车间的墙壁、地面应使用不易吸附毒物的材料，表面光滑，以便清洗。

合理安排生产工序，产生毒物的场所应合理配置，最好与其他工作场所隔离，使接触毒物的工人减至最少。

（4）通风措施。采用适当的通风方法，排出已逸散的毒物，是降低车间空气中毒气浓度的一项重要措施。抽出式局部机械通风是最常用的方法。

（5）加强有关职业中毒的宣传、培训和防护。

案例：
珠宝加工引起再生障碍性贫血

从事油漆、制造、皮革、包箱等作业的人员，容易发生苯中毒。

小胡在某珠宝加工厂工作，专门负责珠宝的黏合，因此长期与含有苯的胶水“亲密接触”。由于缺乏保护措施，小胡长期在此环境中工作，不知不觉就引起慢性苯中毒，口腔、鼻腔常常出血。小胡开始还以为是“上火”引起的，没有注意。一天，小胡正在上班时突然晕倒，失去知觉，送到医院后被确诊为再生障碍性贫血。

2. 从业者个人防护措施

（1）提高法律意识。国务院颁布的《使用有毒物品作业场所劳动保护条例》，为劳动者增加了一道法律保护网。劳动者必须提高法律意识，善于用“法律武器”保护自己。

（2）严格遵守操作规程，必须履行规定的审批、检测、监护手续。使用个人防护设备和防护服，注意安全警示标志。

（3）养成良好的个人卫生习惯。不在车间进食、吸烟，吃饭前洗手，工作后及时更换衣服、洗手、淋浴。

（4）健康饮食，加强体育锻炼，增强体质。健康饮食可增强自身的抵抗力，保护易受毒物损害的器官或系统，发挥营养成分的解毒作用。

（5）定期健康检查。通过检查及时发现早期的职业中毒，以便及时采取防治措施。

一旦发生急性职业中毒，除立即拨打“120”请求急救外，还要尽快将病人撤离中毒现场，如农药中毒，脱去被污染的衣服，用冷水充分冲洗沾染毒物的皮肤，防止农药继续侵害人体。

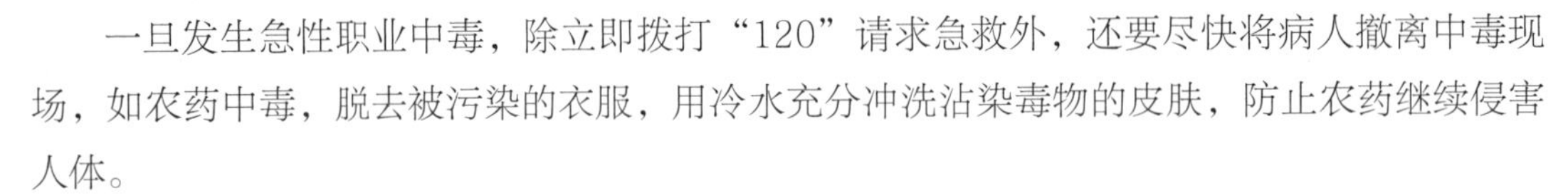

训练项目2　生产性粉尘危害及防护

一、生产性粉尘对人体的危害

1. 生产性粉尘的种类

生产性粉尘是指生产过程中产生的含有某些化学成分的长时间悬浮在空气中的固体微粒。

生产性粉尘对人体的危害很严重，不仅煤矿里有粉尘，而且许多工作环境中也有粉尘危害。粉尘分为两大类：有机性粉尘，包括棉、麻、谷物、硬木和古树等粉尘；无机性粉尘，包括矿物粉尘（如煤、石灰、石墨等），金属粉尘（如铁、铝等金属及其化合物等），水泥粉尘等。

2. 粉尘的危害

我们每天都生活在有粉尘的环境中，人体通过鼻毛挡住粉尘，再将吸进人体的粉尘排出，这种自我防御功能可将颗粒较大的粉尘排出体外，进入体内的只是极少量的微粒粉尘，这种量不会对人体尤其是肺造成伤害。然而，长期在粉尘严重的环境中，如果缺乏必要的劳动保护，劳动者的身体就会受到损害。

（1）粉尘对呼吸系统的损害。长期接触粉尘，会对呼吸道黏膜产生刺激作用，引起慢性咽炎、慢性支气管炎、支气管哮喘，甚至引起鼻黏膜溃疡和穿孔。严重的粉尘危害，则会引起尘肺病。

（2）粉尘对皮肤的刺激。粉尘可引起过敏性皮炎、接触性皮炎及湿疹等。

（3）粉尘对运动神经系统的损害。粉尘会对运动及神经系统造成一定程度的损害，使人患上关节炎、类风湿病、脊柱炎、神经痛以及神经根炎所致的坐骨神经痛等。

3. 矽肺（即硅肺）——最常见的尘肺

尘肺是由于在职业活动中长期吸入生产性粉尘，并在肺内滞留而引起的以肺组织弥漫性纤维化为主的全身性疾病。我国法定十二种尘肺有：硅肺、煤工尘肺、电墨尘肺、碳墨尘肺、石棉尘肺、滑石尘肺、水泥尘肺、云母尘肺、陶工尘肺、铝尘肺、电焊工尘肺、铸工尘肺。

矽肺是尘肺中最为常见、进展最快、危害最严重的一种类型，是由于长期吸入大量含有游离二氧化硅粉尘，引起肺部大面积结节性纤维化的疾病。大量游离二氧化硅含量很高的粉尘吸入肺内，往往无法由呼吸道及时和完全清除。

硅在自然界分布很广，硅是地壳的主要成分，在矿石中约95%为各种形态的纯石英（含游离二氧化硅97%以上）。所以在采矿、开山采石、挖掘隧道时，从事凿岩、爆破等作业的工人，接触二氧化硅粉尘（俗称“矽尘”）机会多；轧石、粉碎、制造玻璃、陶瓷、搪瓷、煤粉、石粉、水泥和耐火材料时的拌料，铸造业中的碾砂、拌砂、造型、砌炉、喷砂和清砂等工种，均有接触二氧化硅粉尘的机会。

矽肺患者常有咳嗽、气急、头昏、头痛、胸闷、胸痛、呼吸困难、食欲不振、消瘦乏力等症状。矽肺患者一旦确诊，即应脱离粉尘作业，并给予积极综合治疗。矽肺患者经治疗后，其寿命可延长到一般人的平均寿命，但其劳动力可能不同程度的丧失。矽肺常因严重的并发肺结核、自发性气胸和呼吸衰竭致死。

拓展：

两种常见的尘肺

煤工尘肺包括煤肺和煤矽肺，是煤矿工人长期吸入生产环境中粉尘所引起的肺部病变的总称。长期吸入煤尘并在肺部滞留可引起肺组织纤维化，称为煤肺。长期吸入大量煤矽尘在肺组织中滞留，引起以肺组织纤维化为主的全身性疾病称为煤矽肺。采煤和造煤工人吸入纯煤粉尘所致的煤肺，约占10%；岩石掘进工吸入矽尘所引起的矽肺，约占10%以下；吸入煤尘和矽尘等混合性粉尘所引起的煤矽肺主要发生在既掘进又采煤的混合工种中，约占80%以上。大量接触煤粉的其他作业工人如码头卸煤工、煤球制作工也可患煤肺。

水泥尘肺是长期吸入水泥粉尘而引起肺部弥漫性纤维化的一种疾病。水泥生产过程中的原料粉碎、混合、成品包装、运输等作业均产生大量粉尘。水泥尘肺的发病与接触时间、粉尘浓度和分散度以及个人体质有关，一般发病工龄在20年以上，最短为10年。

二、粉尘危害的预防

1. 可能引起尘肺的工种

（1）矿山开采。各种金属矿山的开采、煤矿的掘井和采煤以及其他非金属矿山的开采，是产生尘肺的主要作业环境，主要作业工种是凿岩、爆破、支柱、运输。

（2）金属冶炼。金属冶炼业中的矿石粉碎、筛分和运输。

（3）机械制造。机械制造业中铸造的配砂、造型，铸件的清砂、喷砂以及电焊作业。

（4）建筑材料。建筑材料行业中的耐火材料、玻璃、水泥、石料生产加工中的开采、破碎、筛选、碾磨、拌料等；石棉的开采、运输和纺织。

（5）交通水电。公路、铁路、水利、水电建设中的开凿隧道、爆破等。

2. 怎样预防粉尘危害

第一，凡是从事粉尘作业的单位应采取综合防尘措施，推广和使用无尘或低尘新技术、新工艺、新设备，使作业场所的粉尘浓度不超过国家规定的标准。例如湿式作业、密闭抽风除尘，并经常对职工进行关于粉尘危害的安全教育和考核。

第二，职工要树立防止粉尘侵害的自我保护意识，佩戴防尘护具，如防尘安全帽、防护口罩、送风头盔、送风口罩，不在作业现场吸烟、饮食，下班后洗澡，不将工作服带回家中等。

第三，作业场所粉尘浓度超过国家规定标准，严重影响职工安全健康时，职工有权拒绝操作。

第四，各个企业必须对从事粉尘作业的职工定期进行健康检查。

训练项目3 高温危害及防护

一、高温及危害

1. 高温对身体的影响

日最高气温达35℃以上的天气现象称为“高温”，达到或超过37℃时称“酷暑”。连续在高温、酷暑环境下工作，会造成人体不适，影响生理、心理健康，甚至引发疾病或死亡。

人类的体温基本是恒定的，那么为什么在风和日丽的春天或金风送爽的秋天感觉舒适，而在炎炎盛夏便很难受呢？在正常情况下，人体会通过传导、对流、辐射和水分蒸发来调节体温，使

之适应外界和内在的条件。在高温天气里，人体散热困难，盐水代谢失衡，体温调节功能受到限制，多余热量仍积蓄在人体内，因此易觉不适甚至引发中暑。

高温时易得“高温病”，一是因体内产生的热量积蓄过多而中暑，二是在烈日下曝晒易导致脑膜和大脑充血、出血、水肿，三是虚脱、痉挛。同时，高温时期是脑血管病、心脏病和呼吸道等疾病的多发期，死亡率相应增高。

2. 高温作业、高温天气作业的劳动保护

高温作业是指有高气温、或有强烈的热辐射、或伴有高气湿（相对湿度≥80%RH）相结合的异常作业条件等超过规定限值的作业。高温天气作业是指用人单位在高温天气期间安排劳动者在高温自然环境下进行的作业。国家有关部门对这两类作业，发布过多个劳动保护的文件。

例如，国家卫生健康委办公厅发布《关于做好2019年夏季防暑降温工作的通知》中要求，根据本单位生产特点和具体条件，按照规定合理安排调整劳动者高温天气工作时间。日最高气温达到40℃以上，应当停止当日室外露天作业。日最高气温达到37℃以上、40℃以下时，用人单位全天安排劳动者室外露天作业时间累计不得超过6小时，且在气温最高时段3小时内不得安排室外露天作业。日最高气温达到35℃以上、37℃以下时，用人单位应当采取换班轮休等方式，缩短劳动者连续作业时间，并且不得安排室外露天作业劳动者加班。不得安排怀孕女职工和未成年工在35℃以上的高温天气从事露天作业及在温度超过33℃以上的工作场所作业。

又如，此通知还要求，用人单位要严格执行国家安全生产监督管理总局、卫生部、人力资源和社会保障部、中华全国总工会四大部门联合下发的《防暑降温措施管理办法》（安监总安健〔2012〕89号）。此办法对高温作业、高温天气作业的劳动保护有详细规定，其中有一条明确：用人单位安排劳动者在35℃以上高温天气从事室外露天作业以及不能采取有效措施将工作场所温度降低到33℃以下的，应当向劳动者发放高温津贴，并纳入工资总额。高温津贴是针对劳动者因为在高温环境下工作的补偿，各地的标准有区别。高温津贴标准由省级人力资源社会保障行政部门会同有关部门制定，并根据社会经济发展状况适时调整。

二、中暑的预防和急救

1. 中暑的预防措施

（1）体检。进行上岗前体检，凡有心血管疾病、高血压、胃肠溃疡病、活动性肺结核、肝肾疾病、内分泌疾病、出汗功能障碍者，均不宜从事高温作业。

（2）营养。加强营养：高温作业时能量消耗增加，需要从食物中补充足够的热量和蛋白质，尤其是动物蛋白，同时还应增加维生素B和维生素C等的摄入，以提高身体对高温环境的耐受能力。多喝水：多喝含盐分的清凉饮料，要少量多次饮用，不要等到口渴才喝。在补充足量盐分的前提下，还可以适当饮用番茄汤、绿豆汤、豆浆、酸梅汤等。一般人每天需补充3～5升水，20克左右盐。

（3）休息。保证充足的睡眠。合理安排作息时间，创造一个合理、舒适、凉爽的休息环境。

（4）隔热、降温。定期检测作业环境气象条件。在特殊高温作业（如修炉）场所，应配有

隔热、阻燃和通风性能良好的工作服，并配置空调等降温设施。

高温作业工人应穿导热系数小、透气性好的工作服。根据不同作业的要求，还应适当佩戴防热面罩、工作帽、防护眼镜、手套、鞋盖、护腿等个人防护用品。特殊高温作业工人，如炉衬热修、清理钢包等，应该穿特制的隔热服、冷风衣、冰背心等。

链接　中暑的症状

早期症状：头昏、头痛、口渴、多汗、全身疲乏、心悸、注意力不集中、动作不协调。

轻度中暑：除早期症状加重外，还会出现面色潮红、大量出汗、脉搏加快、体温急剧升高等现象。

重度中暑：可能出现昏迷、抽搐、痉挛、脑水肿。

2. 中暑的急救

（1）撤离。迅速撤离引起中暑的高温环境，选择阴凉通风的地方休息，解开或脱去衣服。

（2）补水。饮用含盐分的清凉饮料，虚脱时应平卧，中暑者如果意识清楚，每15分钟喂少许水；如果中暑者呕吐，停止喂水。

（3）用药。可以在额部、颞部（耳根前）涂抹清凉油、风油精，或服用人丹、藿香正气水等中药。

中暑急救

（4）降温。对于重度中暑的人，用海绵或者湿巾擦拭患者身体以降温。用湿床单或湿衣服将其包裹并给强力吹风，以蒸发散热；或用冰块降温（若病人出现寒战，应减缓冷却过程，不允许将体温降至38.3℃以下，以免继续降温而导致低体温）；还应该在腋下和腹股沟等处放置冰袋，用风扇向患者吹风，按摩患者的四肢，促进血液循环。

（5）送医。及时送往医院做进一步治疗。

链接　中暑后就医时，应向医生提示的内容

从事过的职业及时间；

目前工作的种类及作业场所环境；

症状出现的时间及表现；

生活习惯、疾病史（特别是高血压及心脑血管病史）和家人患病情况。

3. 晒伤和痉挛的处理

晒伤。症状为皮肤红痛，可能肿胀，有水泡，发热或头痛。可用肥皂水洗去可能阻塞毛孔的油脂，用干的、无菌的绷带敷在水泡上，急送医院治疗。

痉挛。症状为突发疼痛痉挛，尤其是腿和腹部肌肉，大量出汗。可把伤者挪至凉爽处，轻轻舒展肢体并按摩，每15分钟喂半杯凉水，尽快送医院治疗。

训练项目4 振动和噪声危害及防护

一、振动和噪声对人体的危害

1. 振动对人的危害

长期接触生产性振动可引起振动病。振动可直接作用于人体，也可通过地板及其他物体间接作用于人体。

（1）局部振动对人体的危害。工人手持振动工具，在操作中工具的振动传到手、臂、肩，这种主要传到局部的振动，称为局部振动。

人体遭受局部振动时，可引起中枢神经系统的功能改变，表现为脑电图异常及神经衰弱，如头昏、失眠、心悸、乏力、注意力不集中、记忆力减退等；还可引起周围神经功能改变，如神经末梢受损，主要症状为手胀、手凉、手掌多汗，遇冷后手指发白，并伴有手僵、手无力等不适。

局部振动多为小振幅、高频率的振动，长期接触强烈的局部振动，会引起局部振动病。

（2）全身振动对人体的危害。地面振动会从站立者两足传入，乘坐飞机、车、船时振动由臀部或下肢传入身体，这种能传到全身的振动，称为全身振动。全身振动一般为大振幅、低频率的振动，其危害较为严重。

全身振动常引起足部周围神经和血管的改变及腿部疼痛、无力等。并且由于前庭功能减退和内脏受刺激后的反射作用，出现脸色苍白、冷汗、腺体分泌增加、恶心、呕吐、头昏、眩晕、心率加快和血压下降等现象。晕车、晕船即属全身振动的反应。

链接 生产过程中经常接触的振动源

（1）风动工具。如铆钉机、凿岩机、风铲、捣固机、风钻等。

（2）电动工具。如电钻、冲击钻、砂轮、电锤等。

（3）运输工具。如蒸汽机车、内燃机车、汽车、飞机、摩托车等。

（4）农业机械。如拖拉机、收割机、脱粒机等。

2. 生产性噪声及危害

人们在工作和日常生活中是离不开声音的，但当声音达到一定强度或干扰时则对人体有害。例如：即使是播放音乐，对正在睡觉、学习或思考问题的人来说，也会因使人感到厌烦而成为噪声。

（1）生产性噪声的种类。在生产过程中产生的声音称为生产性噪声，可分为下列三种：

第一种是机械性噪声，是由于机械撞击、摩擦、转动而产生的声音。如各种车床、电锯、球磨机、织布机、轧钢机等发出的声音。

第二种是流体动力性噪声，是由于气体压力突变或液体流动而产生的声音。如通风机、空气压缩机、汽笛、鼓风机、喷射器、放水等发出的声音。

第三种是电磁性噪声，是由于电机中交变力相互作用而产生的噪声。如发电机、变压器等发出的声音。

（2）生产性噪声的危害。长时间接触噪声，会使听觉器官受损，主要表现为听力下降。噪声引起的听力损伤与接触噪声的强度和时间有关。

噪声除了会对听觉系统造成损害外，还会对人体造成其他伤害。如：易疲劳、头痛、神经性衰弱、耳鸣、心悸、注意力不集中、记忆力减退等一系列症状。另外，噪声还会引起血管痉挛、心率加快及血压不稳等心血管系统的改变，也会引起人的消化系统的功能紊乱，如食欲减退、胃肠蠕动缓慢等症状。

二、振动和噪声危害的防护

1. 企业应采取的措施

（1）消除或控制噪声、振动源。主要是采取消声减振措施，使之降低到对人体无害的水平。具体地说，就是通过改革生产工艺过程和改进生产设备，用无冲撞的生产过程代替有冲撞的生产过程，改进机组转动部件，使转动部件相互接触时润滑、平衡良好，并减少振动工具的撞击作用和动力，降低振动，使用消声器防止气流性噪声等。例如，为适应日益发展的净化工业及环保降噪需要而研制成功的一种新型低噪声离心风机。

（2）消除或减少噪声、振动的传播。主要是从建筑工程设施方面采取措施，采用吸声、消声和隔声技术，减少噪声和振动的传播。如选用吸声装饰材料、消声器、隔声墙、隔声罩、减震装置等。

（3）轮换工作。接触噪声、振动的工人应实行轮换作业制，轮换岗位或由两位工人轮换操作。

2. 个人防护措施

（1）佩带防护用具。接触噪声的工人应佩戴防噪音耳罩或耳塞，在90分贝以上的噪声环境中工作，必须使用防护用具。棉球塞耳可隔声10～15分贝，耳塞的隔声效果一般可达20～35分贝，耳罩的隔声效果可达30～40分贝。

振动大的岗位，操作者应戴双层垫的防振手套以减振保暖，冬天应备热水洗手，每工作2小时，用热水浸泡10分钟。

（2）体检。必须进行就业前健康检查，凡患有听觉器官疾患等就业禁忌证者，不应参加接触高噪声或强振动的工作。

在高噪声或强振动岗位从业，应定期进行体检，特别是听力检查，以便及早发现和治疗。

训练项目5 辐射危害及防护

一、电磁辐射及防护

1. 电磁辐射和电磁辐射污染

辐射是热、光、声、电磁波等物质向四周传播的一种状态。

电磁辐射是指能量以电磁波形式发射到空间的辐射，是一种物理现象，也叫非电离辐射。无线电波和光波都以电磁波的形式传播。在现代社会，电磁辐射无处不在，绝大多数人都生活在电磁辐射之中。电磁辐射的来源有自然、人造两种。

自然的电磁辐射主要来源于雷电、太阳热辐射、宇宙射线、地球热辐射和静电等。

人造辐射源主要有：

（1）无线电发射台，如广播、电视发射台，雷达系统等。

（2）工频强电系统，如高压输变电线路、变电站等。

（3）应用电磁能的工业，医疗及科研设备，如电子仪器，医疗设备、激光照排设备和办公自动化设备等。

（4）人们日常使用的电器，如微波炉、电冰箱、空调、电热毯、电视机、计算机、手机等。

电磁波频率有高低，强度有大小。居民家庭用电频率为50赫兹，属低频，稍高点的有无线电长波、中波、短波、超短波，这些电磁波的频率没有自然界中的可见光高，其辐射对人体的影响并不大。同一种频率的电磁波，随着强度提高，造成的危害就增大。

只有在电磁辐射强度超过国家标准时，电磁辐射才会引起人体的病变和危害。超过标准电磁场强度的辐射叫电磁辐射污染，因此，电磁辐射不等于电磁辐射污染。

2. 电磁辐射污染的危害

四种人特别要注意电磁辐射污染：生活和工作在高压线、变电站、电台、电视台、雷达站、电磁波发射塔附近的人员；经常使用电子仪器、医疗设备、自动化办公设备的人员；生活在电器自动化环境中的工作人员；佩戴心脏起搏器的患者。

电磁辐射污染对人体的危害主要有五方面：

（1）影响心血管系统，症状为心悸、失眠、心动过缓、心排血量减少、心律不齐等；

（2）影响生殖系统，主要表现为男性精子质量降低、孕妇流产和胎儿畸形等；

（3）影响儿童健康，导致儿童智力残障，或患白血病；

（4）影响视觉系统，会引起视力下降、白内障等；

（5）诱发癌症并加速人体癌细胞的增生。

3. 电磁辐射污染的防护

电磁辐射污染的防护措施有以下几种。

（1）使用防辐射屏。多用于计算机屏幕，具有防辐射、防静电、防强光等多种作用，并且对保护视力也有一定的效果。

（2）注意时间和距离。电磁辐射污染伤害程度，与时间正相关，与距离成负相关。接触电磁辐射的时间越长，离电磁辐射源越近，受到的伤害就越大。在其他条件不变的情况下，如果距离增加十倍，受到的辐射就是原来的百分之一，距离增加一百倍，受到的辐射就是原来的万分之一。因此对各种电器的使用，都应保持一定的安全距离，离电器越远，受电磁波侵害越小。

（3）防护服。利用金属纤维与其他纤维混纺成纱，再织成布，就成为具有良好防辐射效果的防微波织物。这种防护面料具有防微波辐射性能好、质轻、柔韧性好等优点，主要用作微波防护服和微波屏蔽材料等。

（4）饮茶和营养。茶被证明是防辐射的天然有效的武器。多吃新鲜的蔬菜和水果，增加维生素的摄入，尤其是富含维生素B的食物，如胡萝卜、海带、油菜、卷心菜及动物肝脏等，有利于调节人体电磁场紊乱状态，增加机体抵抗电磁辐射污染的能力。

拓展：

日常生活中要防辐射

人与电视机的距离应在4~5米，与照明灯的距离应在2~3米，微波炉在开启之后要至少离开1米远，孕妇和儿童应尽量远离微波炉。

各种家用电器、带电办公设备、手机等都应尽量避免长时间操作，尽量避免多种办公和家用电器同时启用。手机接通瞬间释放的电磁辐射最大，在使用时应尽量使头部与手机的距离远一些，最好使用蓝牙耳机和话筒接听电话。

二、电离辐射及防护

1. 电离辐射及危害

电离辐射是一切能引起物质电离的辐射，是一种引起化学变化的现象。电离辐射通过高速运动的粒子传播，带电粒子有α粒子、β粒子、质子，不带电粒子有中子以及X射线、γ射线等。能自发地放出或分裂出粒子或射线的物质，称为放射性物质。

α射线有很强的电离性，对人体组织破坏能力较大。由于其质量较大，穿透能力差，在空气中的射程只有几厘米，只要一张纸或健康的皮肤就能挡住。β射线也是一种高速带电粒子，穿透性比α射线大，但电离性比α射线小，而且射程短，很容易被铝箔、有机玻璃等材料吸收。

X射线和γ射线的性质大致相同，不可见，不带电，以光速直线传播，统称为光子，能穿透可见光不能穿透的物质，如骨骼、金属等，可以使物质电离，能使胶片感光，亦能使某些物质产生荧光，能起生物效应，伤害和杀死细胞，穿透力极强，在物质中衰减，要特别注意意外照射防护。

随着放射性同位素及射线装置在工农业、医疗、科研等领域的广泛应用，放射线危害的可能性在增大。目前人工辐射已遍及各个领域，专门从事生产、使用及研究电离辐射工作的，称为放射工作人员。与放射有关的职业有：核工业系统的原料勘探、开采、冶炼与精加工，核燃料及反应堆的生产、使用及研究；农业的照射培育新品种，蔬菜水果保鲜，粮食贮存；医药的X射线透视、照相诊断、放射性核素对人体脏器测定，对肿瘤的照射治疗等；工业部门的各种加速器、射线发生器及电子显微镜、电子速焊机、彩电显像管、高压电子管的生产、使用及研究等。

急性放射病是大剂量辐射在短时间内作用于人体而引起的，会引起暂时性或永久性不育、白细胞暂时减少、造血障碍、皮肤溃疡、发育停滞等。急性放射病平时非常少见，只在从事核工业和放射治疗时，由于偶然事故而发生，或在核武器袭击下发生。

慢性放射病是在较长时间内接受一定剂量的辐射而引起的。全身长期接受超容许剂量的慢性照射可引起慢性照射病；局部接受超剂量的慢性照射可产生慢性损伤，如慢性皮肤损伤、造血障碍、生育能力受损、白内障等。慢性损伤常见于放射工作职业人群，以神经衰弱综合征为主，常伴有造血系统或脏器功能改变、白细胞减少。在受到照射的人群中，白血病、肺癌、甲状腺癌、乳腺癌、骨癌等各种癌症的发病率，随受照射剂量增加而增高。辐射可能使生殖细胞基因突变或染色体畸变，使受照者的后代各种遗传疾病的发生率增高。

当心电离辐射

链接 哪些工种容易导致放射性职业病

（1）石油和天然气开采业：钻井、测井；

（2）有色金属矿采选业：有色矿打孔、炮采、机采、装载、运输、回填、支护、采矿辅助、破碎、筛选、研磨、重选、磁选、电选、选矿辅助；

(3) 造纸及纸制品业：原纸涂布；

(4) 无机酸制造业：钨酸合成；

(5) 有机化工原料制造业：苯酐氧化；

(6) 合成橡胶制造业：丁苯橡胶聚合、丁腈橡胶聚合、顺丁橡胶聚合、乙丙橡胶聚合、乙丙橡胶回收；

(7) 合成纤维单（聚合）体制造业：对二甲苯氧化、DMT酯化、PTA氧化、PTA精制、聚酯聚合；

(8) 日用化学产品制造业：感光材料检验、片基制备；

(9) 医药工业：放射性药物生产；

(10) 化学纤维工业：锦纶缩聚；

(11) 塑料制品业：塑料薄膜测厚；

(12) 钢压延加工业：钢管探伤；

(13) 稀有金属冶炼业：稀土酸溶、稀土萃取、稀土沉淀、钽铌矿分解、氧化钽（铌）制取、氧化钇制取、碳化钽制取；

(14) 金属制品业：金属构件探伤；

(15) 机械工业：机械设备探伤、医疗器械调试、射线装置生产；

(16) 交通运输设备制造业：船舶电气安装、船用仪器装配、核反应堆安装、放射性物质运输；

(17) 电子及通讯设备制造业：打高压老炼、电视机调试；

(18) 仪器仪表及其他计运器具制造业：放射源装配；

(19) 核燃料工业：铀矿开采、铀矿加工、铀矿浓缩、铀矿转化、核反应堆安装、核反应堆运行、受照燃料后处理；

(20) 射线探伤业：射线照相、γ射线探伤、Z射线显像探伤、射线显像探伤、中子照相术、加速器探伤；

(21) 辐照加工业：γ辐照加工、电子束辐照加工、辐射灭菌、辐射食品保鲜、涂层辐射固化、辐射交联，辐射聚合。

2. 电离辐射的防护

（1）控制辐射源的用量。在不影响应用效果的前提下，尽量减少辐射源的强度、能量和毒性。

（2）减少照射时间。例如，采取减少不必要停留时间、轮换作业、提高操作技术等措施。

（3）加强屏蔽防护和围封隔离。在放射源与人员之间设置防护屏，吸收或减弱射线的能量。

对于开放放射源及其作业场所必须采取“封锁隔离”的方法，把开放放射源控制在有限空间，防止向环境中扩散。

（4）距离防护。放射源的剂量与距离平方成反比，操作中应尽可能远离放射源，切忌直接手持放射源。

（5）除污保洁。操作开放型放射源，要随时清除工作环境介质的污染，监测污染水平，控制向周围环境的大量扩散。

（6）个人防护。合理使用配备的个人防护用品，如口罩、手套、工作鞋帽、防护服等；遵守个人防护要求，在开放型放射性工作场所中，禁止一切可能使放射性元素侵入人体的行为，如饮水、吸烟、进食、化妆等。

训练自测

一、阅读与思考

1. 哪些情况下用人单位不得终止劳动合同？

（1）劳动者因用人单位未履行告知义务，而拒绝从事存在职业病危害作业时；

（2）劳动者在离岗前没有进行职业健康检查时；

（3）劳动者疑似患有职业病，在诊断或医疗观察期间内；

（4）劳动者患有职业病或因工伤并被确认丧失或部分丧失劳动能力的；

（5）劳动者患病或负伤，在规定的医疗期间内；

（6）女职工在孕期、产期、哺乳期内的；

有以上情形或国家法律法规规定的其他情形的，用人单位不得解除或终止与其订立的劳动合同。

收集用人单位违反《中华人民共和国劳动合同法》的案例，思考对策。

2. 在职业病防护方面，劳动者具有哪些权利？

（1）获得职业卫生教育和培训的权利；

（2）获得职业健康检查、职业病治疗、康复等职业病防治服务的权利；

（3）了解工作场所产生或者可能产生的职业病危害因素、危害后果和应当采取的职业病防护措施的权利；

（4）要求用人单位提供符合防治职业病要求的职业病防护设施和个人使用的职业病防护用品，改善工作条件的权利；

（5）拒绝违章指挥和强令进行没有职业病防护措施的作业的权利；

（6）对违反职业病防治法律、法规以及危及生命健康的行为提出批评、检举和控告的权利。如果用人单位对劳动者的检控进行报复或解除劳动合同以及进行变相惩罚，行政管理部门应对用人单位进行经济或行政处分。对因此解除劳动者劳动合同的行为，用人单位应支付经济赔偿。

收集用人单位违反《中华人民共和国职业病防治法》的案例，思考对策。

二、学学议议

上网搜索国务院颁布的《使用有毒物品作业场所劳动保护条例》，议一议：你所学专业和即将从事的职业与有毒物品有关吗?

通过开胸验肺，他确实患上了尘肺!

三、看看查查

看看右图，上网搜索“开胸验肺”，结合自己所学专业和即将从事的职业，想想怎样加强自我防护，预防相关职业病。

四、阅读与搜索

先阅读下列材料，然后上职业病网或其他网站，查找自己所学专业和即将从事的职业是否存在职业中毒、粉尘危害。

1. 如果你在以下行业工作，请预防磷及其化合物中毒。

（1）化学肥料制造业：磷矿粉制备、电炉制磷、磷肥原料制备、磷矿酸解、过磷酸钙合成、钙镁磷肥合成、磷酸铵合成、磷酸二钙合成、磷肥脱氟、硝酸磷肥合成。

（2）建筑材料及其他非金属矿采选业：化学矿打孔、炮采、机采、装载、运输、回填、支护、采矿辅助、破碎、筛选、研磨、重选、选矿辅助。

（3）无机酸制造业：多聚磷酸合成。

（4）无机盐制造业：磷酸钠盐制取。

（5）其他基本化学原料制造业：五氧化二磷制取、黄磷制取、赤磷制取。

（6）催化剂及各种化学助剂制造业：光稳定剂合成、引发剂合成、增塑剂合成、热稳定剂合成、其他助剂合成。

（7）塑料制造业：三氟氯乙烯制备、聚矾单体合成。

（8）医药工业：合成药卤化、酞化、酯化、缩合、环合、消除、重排、裂解、精制。

（9）有色金属矿采选业：选矿药剂制取。

（10）化学农药制造业：乐果硫化、马拉硫磷合成、甲拌磷硫化、对硫磷酯化、有机磷杀虫剂合成、其他杀虫剂合成。

（11）有机化工原料制造业：酯类合成、酸酐合成、其他有机原料合成。

（12）炸药及火工产品制造业：发烟弹制取。

2. 你知道哪些行业容易引起电焊尘肺吗？如果你从事以下职业，请预防电焊尘肺。

（1）体育用品制造业：铜管打孔。

（2）机械工业：手工电弧焊、气体保护焊、氩弧焊、碳弧气刨、气焊。

（3）交通运输设备制造业：机车部件组装、平合组装、船舶管系安装、船舶电气安装、船舶锚链、加工、制动梁加工、汽车总装、摩托车装配。

3. 如果你从事以下职业，请预防陶工尘肺。

（1）建筑材料及其他非金属矿采选业：上砂石打孔、炮采、机采、装载、运输、开采辅助、陶土粉碎、研磨、筛分、包装、运输。

（2）陶瓷制品业：陶瓷粉碎、筛分、配料、搅拌、泥浆脱水、炼泥、成型、干燥、上釉、烧成、装出窑、成品包装。

（3）磨具磨料制造业：磨具配料。

（4）电气机械及器材制造业：蓄电池封口、电缆电线挤胶。

五、看看问问

1. 看看右图，问问亲友，了解一下你生活的地区，哪些单位保证发放高温津贴，哪些单位应发却不发高温津贴。

2. 看看下文，问问亲友，他们参加过单位组织的体检吗？有与常规体检不同的特殊检查项目吗？

职业健康检查与一般体检不同：

（1）职业健康检查针对性强。如就业前的健康检查是针对劳动者将从事的有害工种的职业禁忌进行。

（2）职业健康检查特殊性强。不同的职业病危害因素造成的健康损害不同，如粉尘作业，主要是呼吸系统的损伤，要做X线胸片、肺功能检查等；再如接触铅作业者，除做一般健康检查外，还一定要做尿铅、血铅检查等。

（3）职业健康检查政策性强。《职业病防治法》规定要做上岗前、在岗期间和离岗时的职业健康检查，用人单位要依法办事。

（4）职业健康检查不是所有医院都能进行。应由取得省级以上人民卫生行政部门批准的医疗卫生机构进行，否则检查结果无效。

第二版编后

职业安全、职业健康教育既是职业学校德育的重要内容，也是职业素养训练的重要内涵，是职业学校安全教育区别于普通中学安全教育的重要特色。

一、《职业安全与职业健康》编写指导思想

随着经济社会发展，“安全发展”已经成为实现中华民族伟大复兴的重要内容。党的十九大报告明确要求“要树立安全发展理念，弘扬生命至上、安全第一的思想”，把安全发展作为一个重要理念纳入中华民族伟大复兴的总体战略。职业安全与职业健康，不仅与经济社会发展密切相关，而且是劳动者“实现体面劳动”，生活得更加幸福、更有尊严的必要保证。

安全素养即形成安全意识，掌握所从事职业及其相关职业群的专门安全知识，具有从事本岗位安全生产的能力，养成符合该职业及其相关职业群要求的安全行为习惯。职业素养是从业者在职业活动中需要遵守的行为规范，是从业者在职业过程中表现出来的综合品质，是职业对从业者的内在要求。在职业活动中需要遵守的行为规范，不仅体现为从业者的职业技能方面，体现于政治、思想、道德、法纪和有利于生涯发展、心理健康等方面的行为，也体现在职业安全和职业健康方面的行为。注重职业安全和职业健康，是从业者职业素养这一综合品质的重要特征。

“职业安全与职业健康”教育既与专业知识、技能密切相关，又与政治、思想、道德、法律、心理和职业生涯教育密切联系。本教材既有较强的技术性，又从始至终渗透了德育，强化了安全行为习惯养成，体现了育人为本、德育为先。

本课程的任务是引导学生树立正确的职业安全和职业健康意识，形成关注安全、关爱生命和安全发展、安全第一的观念，并能把个人的职业生涯可持续发展与经济社会可持续发展联系起来，学会符合所学专业、即将从事的职业及其相关职业群要求的职业安全和职业健康知识，养成符合岗位要求的安全、健康习惯，成为具有安全素养的高素质劳动者。

二、《职业安全与职业健康》便于教学的特点

1. 结构方面，便于教学中结合学校相关专业特点和本地实际选择模块内容

由于职业学校专业种类多，对应的行业、职业多，任课教师又必须针对学生所学专业以及对应行业、职业的安全问题组织内容，因此教材使用了模块化结构。全书由两组、五个大模块（单元）、二十三个小模块（训练项目）组成，每个小模块都是一个目标指向明确的训练项目，便于任课教师根据学生所学专业实际选择相关项目。

从安全、健康的角度看，大模块分两组，第一组模块由第一、二、三单元组成，属于职业安全教育；第二组模块由第一、四、五单位组成，属于职业健康教育。两组均含第一单元。

从必选、任选的角度看，第一、二单元中的小模块即训练项目，多数对应所有专业，虽然也可以按专业实际选择，但大部分训练项目应该“必选”，是其他单元学习的基础，属于“宽基础”。第三、四、五单元中的小模块即训练项目，对应不同行业、职业，相对独立，任课教师可以根据专业特点选择，属于“活模块”，可以“任选”。

也就是说，无论单元（大模块）还是训练项目（小模块），均是相对独立的模块，可以按专业实际灵活组合。这些大小模块，实际是按“宽基础、活模块”的课程结构安排的。两组模块以及大、小模块均相对独立，便于学校和师生根据本校实际和所学专业灵活组合和选择。对于某一专业、某一班级而言，均不必学习全部内容。应该根据本地和专业特点，选择部分模块学习，其余模块可作为课外阅读材料。也源于此，本课程任课教师，如果要为同一年级、不同专业的班级授课，需要有不同的模块组合，备课的任务会重些。

2. 要求方面，体现了能力本位

每个单元即大模块，由三部分即训练目标、训练项目和训练自测组成。单元中有几个训练项目，训练目标中就有几个目标，每个训练目标明确了每个训练项目的训练要点。这些训练要点，多数以“通过……了解”起始，以“形成……”“学会……”结尾，体现知识为载体、能力为本位。

每个训练项目既有适于中职学生了解的知识，更有防护操作的过程，便于实操训练。组织教学内容的主线，即每个“小模块”的教学内容都有内在的逻辑关系。再加上训练自测的活动建议和训练项目正文中配有的互动项目，使全书吸纳了学科课程、核心课程、活动课程适合职业安全、职业健康教育的优点，体现了现代课程理念——多元整合课程的课程开发思想。

《职业安全与职业健康（第二版）》追求引导中职学生学会“是什么”“怎样做”，辅之以“为什么这样做”，因此从编写思想上十分重视落实能力本位，引导教师在“做中教”，帮助学生在“做中学”。在涉及概念、理论角度的“为什么”方面，力争做到内容的“吝啬”，着力于实用性、实操性。

3. 内容方面，注重贴近社会、贴近职业、贴近学生

本教材根据职业教育特点，注重“贴近社会、贴近职业、贴近学生”，力争教材内容能被中职学生喜闻乐见，能让中职学生爱学会学。

编写时，对职业安全、职业健康中大量专业概念、专用词汇，在确保科学性的基础上，尽量深入浅出地予以表述，力争做到文字浅显、通俗易懂。对于不能不出现的概念、理论，也尽量适应中职学生现有的文化水平和专业水平，追求提高学生解决问题的实践能力。本书在筛选教学内容时，虽然也安排了一些从用人单位角度需要注意的措施，但侧重在个人所应养成的安全、健康习惯，以及个人应该采取的自我防护措施。

本教材修订，在引导中职学生形成安全和健康意识的过程中，注重渗透党和国家与职业安全与职业健康有关的最新理念，解读了有关法律、法规，让学生感受到党和国家对劳动者生命与健康的关爱，理解个人职业生涯的可持续发展与祖国的经济社会可持续发展紧密相连的关系。

此外，本教材配有大量中职学生喜闻乐见的漫画形式的插图，从不同角度图解了正文和练习中的专业概念、技术要领、观点理念，既有利于提高吸引力，激发学生学习兴趣，也有利于学生对知识、技术要领的理解和掌握，是本教材的重要特色。

三、《职业安全与职业健康》的教学建议

《职业安全与职业健康（第二版）》既可以作为单独设置安全教育课的教材，也可以分拆后与现行德育课（思想政治课）、专业课相关内容结合使用，作为德育课（思想政治课）、专业课的补充教材，还可以选择相关模块，在实训前即实训准备阶段集中授课，将其列为实训的必修内容。

《职业安全与职业健康（第二版）》的教学总体目标，是使学生掌握职业安全、职业健康的基础知识，学会即将从事的职业及其相关职业群所需要的自我防护、现场急救的常用方法，树立关注安全、关爱生命和安全发展、安全第一的观念，形成职业安全和职业健康意识，增强提高职业安全、职业健康意识的自觉性，具有在相应岗位安全生产的能力，养成符合该职业及其相关职业群要求的安全行为习惯，为成为具有安全素养的高素质劳动者和技能性人才做好准备。

《职业安全与职业健康（第二版）》融入了习近平总书记对安全的指示，强化了国家安全方面的内容，增加了党的十八大、十九大以来颁发的有关职业安全、职业健康方面的政策、法规介绍，更换了有关统计数据，体现了新形势、新情况、新精神。此外，第二版结合新冠肺炎疫情，把“农业安全”中的“饲养安全”改写为“家禽家畜传染病”，在“护士自我防护”中，把介绍单一病种或单一方法的防护，改写为传染病及其防护的综合介绍，以新冠肺炎、艾滋病等传染为例来说明传染病防护，并在第三单元的［训练自测］中增加了一个训练，要求所有专业学生都要了解传染病及其防护，强化对“生物安全”的理解，增强对祖国的热爱。

《职业安全与职业健康（第二版）》与同为本书作者编著的《中职生安全教育（第二版）》是姐妹篇，两种教材各有特点，重点内容不同，又互相依托、互相补充。不论学校选择使用哪一本，教师都可以用另一本作为参考书，并在教学中补充、强化学生所学专业对应职业对安全的需要。

我国经济社会发展为世人瞩目，安全问题也随之越来越受到重视，安全教育在德育中的位置也日渐重要。希望承担安全教育的同仁，能在教学过程中为不断完善安全教育的内容做出贡献。由于作者水平所限，教材内容及其组织必然有所欠缺，对不妥之处，敬请使用者不吝赐教。

编者

2021年1月